I0073852

GRIGORI GRABOVOI

PRK-1U
DEUS EX MACHINA
PER LA VITA ETERNA

LEZIONI PER L'USO DEL
DISPOSITIVO TECNICO PRK-1U

GRIGORI GRABOVOI

PRK-1U Deus ex Machina Per la Vita Eterna

Lezioni per l'uso del dispositivo tecnico PRK–1U

Raccolta di webinar tenuti da Grigori Grabovoi per l'uso del dispositivo tecnico da lui creato PRK-1U

La redazione del testo è di Edizioni L'Arcipelago

www.edizionilarcipelago.it

Tutti i diritti riservati.

Nessuna parte di questo libro può essere riprodotta, memorizzata su supporto informatico o trasmessa in qualsiasi forma e da qualsiasi mezzo senza un esplicito e preventivo consenso da parte dell'Editore.

ISBN: 978-8889517208

Prima stampa: novembre 2017

MACCHINA SAPIENS©

" Il compito principale consiste nell'imparare a pensare come Dio".

Grigori Grabovoi

WEBINAR 17 OTTOBRE 2015

Dobbiamo subito sottolineare che tutti i dispositivi tecnici sono solo degli strumenti ausiliari. Sono destinati ad uso di persone che non hanno ancora completato la strutturazione della coscienza nel campo della ricostruzione della salute etc...(...)..

In sostanza questi dispositivi hanno il compito di aiutare le persone nell'apprendimento della tecnologia per la ristrutturazione della coscienza, la tecnologia dell'evoluzione dell'Anima, dello spirito e delle idee creative nella realtà del Mondo eterno. Essendo ausiliari, essi devono stimolare lo sviluppo delle capacità già in possesso dell'uomo.

Abbiamo già accennato che l'uomo possiede dalla nascita tutto il sapere della vita eterna, della ricostruzione degli organi, della cura di qualsiasi tipologia di malattia. Tuttavia

© Грабовой Г.П., 2015-2017

non tutto ancora in lui si è risvegliato per prendere coscienza e poter comunicare liberamente con la propria Anima.

Il contatto con l'Anima deve essere diretto, perché l'Anima che è creata da Dio, non può essere completata da nessun dispositivo tecnico.

Gli apparecchi tecnici possono essere adoperati solo in caso di lavoro con la coscienza, non con l'Anima. In questo caso le macchine integrano quelle strutture del sapere dell'Anima che non sono state ancora trasferite nella coscienza. In altre parole, per le persone che non hanno ancora effettuato la strutturazione della coscienza, i dispositivi integrano le strutture della coscienza, lavorano in coesione con la coscienza umana.

L'essenza della scoperta è la seguente. Tutti i fenomeni della realtà vengono compresi attraverso la percezione. La percezione invece ha diversi canali, ad esempio la vista, i sensi, il pensiero. quando fissiamo nella coscienza il fenomeno percepito, siamo sempre in grado di vederne una certa immagine luminosa. Questa immagine è visibile grazie alla vista spirituale e può essere proiettata subito nella coscienza. Parlando scientificamente , l'uomo possiede un sistema di trasformazione in grado di tradurre la sua percezione in immagine luminosa.

 © Грабовой Г.П., 2015-2017

la materia può essere riprodotta in ogni punto dello spazio e del tempo, in base all'informazione archiviata in quel punto.

Il metodo è il seguente. Diciamo che lo spazio è una struttura del tempo proiettata nella percezione. Il tempo invece è una funzione dello spazio. La riproduzione della materia va considerata come conseguenza della reazione del tempo sul cambiamento dello spazio. In questo caso possono essere calcolati i punti di contatto dello spazio con il tempo. Proprio in questi punti avviene l'archiviazione dell'informazione. La conoscenza dei punti di archiviazione dell'informazione, permette di creare dei sistemi tecnologici su una base computeristica in grado di archiviare l'informazione necessaria in qualsiasi punto dello spazio e del tempo. Di conseguenza diventa fattibile la creazione di una forma di intelletto, paragonabile alla macchina sapiente (macchina sapiens). L'informazione del passato archiviata, rappresenta la costruzione statica di questa macchina, mentre l'archiviazione del futuro è la sua costruzione dinamica. Il campo del presente permette di effettuare il controllo della macchina intelligente. In questo caso si crea la forma di intelletto desiderato che controlla la macchina e la gestisce in base alla coscienza dell'uomo.

La creazione di nuove generazioni di computer ha nelle sue basi anche un altro mio metodo *(il certificato licenza d'autore "La tecnologia computerizzata di controllo a distanza").* Ho elaborato la tecnologia della traduzione dell'informazione relativa a qualsiasi evento in forma geometrica. L'apposito programma per computer all'inizio traduce l'evento nella rispettiva forma geometrica, in seguito la forma iniziale si traduce in un'altra: quella che corrisponde all'evoluzione dell'evento nella direzione desiderata. In questo modo avviene il controllo **degli eventi.**

Ho creato diversi dispositivi di questo tipo perfettamente funzionanti. la cooperazione dello spazio con il tempo, nel loro meccanismo, permette di creare sostanze nuove. Si tratta ancora di un principio ufficialmente registrato frutto di una mia scoperta *(il certificato licenza d'autore "Il tempo è una forma dello spazio").* Il documento citato testimonia che le mie tecnologie digitali trasformano il tempo in qualsiasi sostanza, offrendo delle possibilità assolutamente nuove per la creazione di sostanze. inoltre queste tecnologie innovative sono applicabili al controllo della materia, alla ricostruzione dei tessuti dell'organismo, alla creazione immediata di nuove forme di materia, alla costruzione di edifici, all'elaborazione dei meccanismi e delle macchine, al controllo di queste ultime e a molti altri compiti. Tutto questo e altre tecnologie di mia invenzione, faranno dimenticare per sempre le crisi energetiche e qualsiasi problema legato all'energia.

© Грабовой Г.П., 2015-2017

Dobbiamo ricordare ancora una volta che lo spazio e il tempo sono delle costruzioni della coscienza, quindi l'informazione può essere depositata in qualsiasi punto dello spazio e del tempo, incluso il vuoto. Anche il vuoto, cioè lo spazio vuoto, è una costruzione della coscienza. Alcuni scienziati infatti, nonostante da un lato parlino dell'assenza di materia nel vuoto, dall'altro si vedono costretti a riconoscere che tutto può essere creato nel vuoto. Per giustificare in qualche modo questa posizione si decise di definirlo - il vuoto fisico. Spesso l'invenzione di nuovi nomi non è altro che un tentativo di evitare la soluzione del problema, e la soluzione non sarà mai trovata se si continua a sostenere la non-dipendenza della realtà fisica oggettiva dalla coscienza. Eppure sappiamo che tale realtà, semplicemente non esiste. Il vuoto, lo spazio vuoto, è costruito dalla coscienza come tutto il resto. Come qualsiasi costruzione della coscienza, il vuoto è in grado di generare tutto, tutti i corpi sono creati in base alla coscienza. Dunque, non sorprende il fatto che in qualsiasi punto, incluso il vuoto, può essere archiviata qualsiasi informazione, e di conseguenza creata la forma di intelletto necessaria.

Come abbiamo già detto, il funzionamento dei miei dispositivi tecnici ha come base il principio dell'integrazione: i dispositivi lavoreranno in questa direzione nel caso in cui la

© Грабовой Г.П., 2015-2017

coscienza dell'uomo è impegnata in qualche altro compito o non è ancora strutturata adeguatamente. Tutti i miei dispositivi funzionano come supplemento, **"Il metodo della prevenzione delle catastrofi e il meccanismo per la sua realizzazione"** registrata con il certificato/licenza **n.2148845.** Il terremoto è solo un tipo di catastrofe, la cui varietà è infinita, anche il tumore maligno o l'aids sono considerate delle catastrofi dell'organismo dell'uomo..(..).. All'inizio si diminuisce la forza della catastrofe che si sta avvicinando, se le risorse tecniche sono sufficienti, il pericolo viene semplicemente liquidato, se invece per lo scongiuramento completo della catastrofe le risorse risultano scarse, il dispositivo riduce al minimo il pericolo imminente, dopo di che fornisce l'informazione sul luogo e momento atteso della catastrofe.

In questo ultimo caso la concentrazione del pensiero sui cristalli, sulla prevenzione della catastrofe o sulla guarigione, aiuta a potenziare le risorse proprie del dispositivo. Sullo stesso principio si appoggia il funzionamento del dispositivo destinato a resuscitare e recuperare la salute. Si tratta di un sistema ottico basato sui cristalli. Se l'organismo dell'uomo riscontra dei problemi, per recuperare la salute è sufficiente posizionare l'apparecchio vicino al malato o indirizzare verso di lui la superficie ricettiva del dispositivo. Qualora il dispositivo fosse rivolto verso l'organo colpito dalla malattia

© Грабовой Г.П., 2015-2017

o verso la sua lastra radiografica, avrà luogo la ricostruzione immediata dell'organo...(..)..Ebbene, il nostro dispositivo possiede la capacità universale di ripristino totale dello stato normale. L'apparecchio legge nello spazio l'informazione-norma, che corrisponde all'armonia, ossia quella norma stabilita dal Creatore in questa fase di evoluzione. L'informazione sulla norma è presente in ogni punto dello spazio.

" *Sistema di trasmissione dell'informazione - il brevetto n. 2163419*". *Dobbiamo* pronunciare nel pensiero una frase, contenente un messaggio da trasmettere, ovviamente se la nostra coscienza è già strutturata, siamo in grado di trasmetterlo per via telepatica ...se non abbiamo ancora assimilato tali metodi, ci aiuteranno le macchine speciali. Dalla parte del ricevente - un altro dispositivo - questa volta a cristalli, trasforma il nostro pensiero in parole o in immagini, a seconda del nostro desiderio, è praticamente un altro nuovo tipo di comunicazione costruito senza l'uso di onde elettromagnetiche. In un articolo su un giornale, questa mia invenzione fu chiamata "Telepatrono".

La nuova medicina sarà caratterizzata dalla presenza, non solo del concetto dell'uomo sapiente, ma anche della cellula sapiente. La cellula sarà altrettanto intelligente quanto l'uomo stesso.

© Грабовой Г.П., 2015-2017

"Felicità è Contemplare la Vittoria"

Grigori Grabovoi

WEBINAR - 24 OTTOBRE 2015

PRIMA PARTE

Il tema del Webinar di oggi è l'insegnamento su Dio, la tecnologia della vita eterna, metodi per lo sviluppo dell'Anima e della coscienza per la vita eterna. Studiando il tema del webinar di oggi, dobbiamo notare che il 17 Ottobre si è tenuto un webinar dove ho dato delle informazioni sui metodi per lo sviluppo dello spirito e della coscienza della vita eterna. In questo webinar, studieremo i metodi per lo sviluppo dell'Anima e della coscienza per garantire la vita eterna.

Confrontando queste due tecnologie possiamo vedere come si sviluppa la struttura la struttura dell'Anima, anche per quanto riguarda lo spirito. L'Anima è eterna e ha una quantità di informazioni, quindi con le azioni dell'Anima possiamo arrivare alle strutture dell'eternità, così come possiamo arrivare con le strutture della coscienza, e non solo con la coscienza nel suo complesso, ma anche con i suoi

© Грабовой Г.П., 2015-2017

segmenti. Quando noi osserviamo l'azione dell'Anima, possiamo notare che esistono determinati legami che hanno una sorta di assolutezza, e partendo da questi possiamo avviare il processo di eternizzazione del corpo fisico.

Sviluppando la coscienza sulla piattaforma dell'Anima, il corpo avvia un processo di sviluppo che parte dal suo interno, e come la coscienza che fa riferimento all'eternità, anche il corpo si sviluppa verso la grandezza eterna. E proprio in questo consiste il primo metodo di sviluppo dell'Anima e della coscienza per garantire la vita eterna nel corpo fisico. Quando voi esaminate tramite la visione interna lo spazio fisico intorno a voi, basandovi su questo spazio del pensiero, potete osservare che in questo spazio, gli oggetti fisici hanno una natura informativa non completamente stabile. Una cosa sono gli oggetti esaminati con la mente fisica, e un'altra è immaginarli con la visione interiore e mantenerli nella memoria.

Quando vi basate alla realtà fisica e immaginate le cose che vi circondano attraverso la visione interiore, allora l'Anima a differenza del corpo eterno ha un posto fisso nella vostra coscienza. La coscienza ha la possibilità di penetrare a livello micro-molecolare in determinati micro-sistemi eterni. Quando parliamo dell'Anima, sappiamo che essa vive in un posto fisico - il nostro corpo - L'Anima è collegata al corpo in maniera armonica, e noi sappiamo in qualche modo che

© Грабовой Г.П., 2015-2017

all'interno del nostro corpo fisico esiste un'Anima, e che in questo caso si esprime il principio conosciuto che il corpo è parte dell'Anima. Quindi un metodo di sviluppo dell'eternità del corpo fisico è basarsi o connettersi alla struttura dell'Anima per sviluppare la coscienza eterna.

Con le azioni dell'Anima si può arrivare all'eternità.

Un altro metodo è basato su un procedimento opposto. l'Anima si basa alla struttura della coscienza ristrutturata secondo i dettami della vita eterna.

Questi due metodi avvengono simultaneamente. Ciò che avviene è lo scambio di percezione di questi due metodi.

Quello che accade quando si opera con questi metodi, è quello di vedere la composizione del Mondo, come realtà eterna. Il Mondo in questo caso ci aiuta a garantire un livello reale di sviluppo eterno del corpo fisico, ma anche del pensiero, dell'immaginazione e quindi percepire l'eternità in ogni sistema della realtà compreso quello del pensiero.

La creazione di questo livello deve avvenire in modo naturale senza intaccare altre risorse umane, quindi deve avvenire in modo economico, cioè senza sforzi. Attraverso il sistema eterno dello sviluppo, si realizza l'accesso alla coscienza ristrutturata, appena questo accesso è avvenuto si accendono subito tutte le risorse del corpo fisico che inizia a reagire a questa nuova struttura di base. Questo processo di realizzazione della vita eterna, ci porta a considerare che se

© Грабовой Г.П., 2015-2017

siamo fatti a immagine di Dio, allora significa anche che il Creatore ha una propria Anima e trasmette questa Anima al tutto.

Qui c'è un sistema molto preciso di criteri dell'azione perché il corpo fisico è un sistema più concreto che riceve le azioni dello spirito. Il meccanismo segue il principio della creazione, il nostro corpo presenta un sistema sincronizzato a tutti i processi del Mondo. Quando parliamo di sviluppo di tutti i sistemi della personalità, il contatto con tutta la realtà eterna avviene in modo naturale. Ciò che parte dalla vostra personalità quando vi basate tramite i processi del pensiero allo spazio esterno e quindi eterno, accade che immediatamente il corpo riceve l'eternità, e lo fa in modo naturale senza alcuno sforzo, perché su di voi la realtà inizia ad agire in un certo modo, ossia con gli elementi dell'eternità in essi compresi, in qualche modo vi tira come in una sorta di vortice, come la sensazione di entrare in un fiume che scorre in un senso, voi sarete trascinati nel corso del fiume e per voi sarà una sensazione di benessere.

La sensazione di fiducia che vi fa vedere chiaramente ciò che avviene attorno a voi. in questa struttura del pilotaggio si può passare al terzo metodo, dove il sistema del pilotaggio eterno di tutto il Mondo esterno, garantisce al corpo fisico la vita eterna. per questo bisogna concentrarsi su lato destro del proprio spazio fisico, e percepire la realtà delle informazioni e capire dove il Mondo fisico si unisce alla struttura della coscienza, e quando trovate questo punto lo identificate perché è anche il punto in cui alcune cellule manifestano queste informazioni.

Quando voi iniziate ad avvicinarvi a queste cellule con la vostra coscienza, con lo sviluppo della vostra coscienza, i raggi di luce del pensiero si collegheranno a queste cellule, questo spazio dell'informazione ha le stesse caratteristiche della realtà esterna. Questo meccanismo della trasmissione si può applicare poi a se stessi o ad altri, iniziando anche dalle parole che descrivono lo spazio dell'informazione.

Adesso vediamo il quarto metodo dove il sistema delle informazioni viene visto come sistema che si può adattare all'Anima o alla coscienza. Se noi vediamo le informazioni con la visione spirituale, vedremo una certa struttura che si sviluppa nello spazio al di fuori del corpo fisico. Se vediamo la struttura del pensiero che si forma con la parola, allora è un'informazione locale che ha la forma di una sfera che si può avvicinare o allontanare. In questo quarto metodo possiamo vedere come si sviluppa questo sistema di interazione della parola con le informazioni in assoluto, che dimostra come si può sviluppare l'interazione tra Anima e coscienza.

Il Creatore ha creato la realtà secondo questo sistema di collegamento le informazioni dell'Anima le possiamo vedere

© Грабовой Г.П., 2015-2017

come il complesso delle informazioni della realtà. La nostra struttura del pensiero durante il pilotaggio avviene attorno al corpo fisico, e qui bisogna osservare che sorge una sorta di carico del pensiero all'interno del corpo fisico, perché per pensare all'esterno del corpo fisico, bisogna prima portare il pensiero fuori dal corpo fisico, e successivamente pensare come se questa azione fosse un'azione aggiuntiva. Per chi fa i pilotaggi da molti anni, questo processo è naturale, nel senso che chi è allenato nemmeno se ne accorge, fa questo processo spontaneamente senza sforzo. Per esempio per vincere la stanchezza dobbiamo passare all'interno del corpo fisico, al pensiero della struttura del corpo fisico eterno, che riceviamo dallo spazio esterno della coscienza, cioè dalla realtà.

Abbiamo visto in questo quarto metodo in che modo possiamo usare questa tecnologia, quando la parola si riferisce alle informazioni della coscienza. all'interno della parola ci sono delle informazioni, e nella struttura del Mondo esiste una struttura delle informazioni, e nella struttura delle informazioni del Mondo esistono anche le informazioni della parola. Chiaramente, quando noi pensiamo al corpo che è definito dall'azione della coscienza, compresa l'azione della ragione che risponde alla domanda - Perché il corpo si trova concretamente qui? - che il corpo è un'attività definita dalla coscienza all'interno dello spazio eterno.

© Грабовой Г.П., 2015-2017

Se immaginiamo per esempio come si forma questa realtà, di fatto le informazioni sono simili alla lava che esce da un vulcano, anche se queste informazioni non sono calde come la lava nella nostra percezione, diciamo che presentano invece che gradi centigradi, dei gradi argentei. Le informazioni che formano questa strada possono essere trasformate come se voi manipolaste del das o il pongo. Tramite questo paragone del vulcano, potete capire che l'informazione del pilotaggio, avviene tramite il vostro corpo fisico, e voi potete sentire che il vostro corpo, nella struttura dell'eternità, nel tempo eterno, si trova all'interno del pilotaggio, con tutti gli eventi futuri, per se stesso e per tutti coloro che lo circondano, perché con questo pilotaggio la vita eterna non viene data solo a se stessi ma a tutte le persone simultaneamente. perché questo materiale per la costruzione della vita eterna è un materiale comune a tutti, e contiene le informazioni della vita eterna e quelle delle azioni del Creatore.

Questa azione iniziale vi manda il segnale che in questo sistema di pilotaggio siete già nel quinto metodo, e passate a quella struttura di azione quando voi potete vedere che è sufficiente osservare il vostro corpo. Sulla vostra testa c'è un organo che è simile agli occhi, che guarda sempre avanti come quando si guarda la TV. Ecco voi rivolgete questo

© Грабовой Г.П., 2015-2017

sguardo dentro di voi nel vostro corpo fisico, e vedrete chiaramente che la realtà esterna diventa fissa. Questa realtà acquisisce momentaneamente le strutture di eventi precisi, eventi concreti, quindi la realtà che conosciamo.

Quando voi da questa struttura vi rivolgete al vostro corpo con uno sguardo spirituale, vedrete che in un attimo l'Anima e lo spirito si proiettano sul vostro corpo fisico. Le informazioni dell'Anima e dello spirito si attaccano al vostro corpo come se fosse un velcro.

La realizzazione di questo metodo necessita anche della comprensione logica di questo metodo, perché quando voi vi rivolgete al vostro corpo fisico secondo questi principi, potete sentire anche gli altri, qualsiasi distanza e potete sviluppare queste capacità sempre di più. In questo quinto metodo c'è una struttura particolarmente importante di pilotaggio, che corrisponde alla stessa azione che il Creatore fa durante la creazione della realtà del Mondo. Con questo quinto metodo il corpo inizia a prendere coscienza di se, come una struttura dell'Anima e del Creatore. Questa struttura permette alla persona di sentire se stessa in modo più armonico, inizia a sentire la struttura del pensiero che contiene queste informazioni che sono per se stessi e per tutti.

Questo pensiero è luce, ma voi lo potete vedere tramite l'immaginazione. La luce che armonizza e ricrea la struttura della vita eterna e con questa tecnologia presente nel quinto metodo, voi vi muovete verso a quegli eventi eterni del futuro, con il vostro apparato di pilotaggio collegato con l'azione del vostro corpo fisico, che ha ricevuto, grazie allo sviluppo contemporaneo dell'anima e della coscienza, e grazie alla loro interazione, un determinato livello di sviluppo, che ha determinato il corpo fisico, il quale poi ha creato gli eventi che garantiscono la vita eterna.

La vita eterna del corpo fisico è vostra e di tutti gli altri.

SECONDA PARTE

Analizziamo adesso la tecnologia del pilotaggio per vedere determinate risorse interne del pilotaggio che devono essere strutturate. Nella costruzione di queste risorse è importante far vedere alle altre persone, con il vostro esempio, come avviene il pilotaggio per garantire la vita eterna. Per fare in modo che agli altri sia chiaro, bisogna capire che tutti vogliono la vita eterna, e voi potete costruire subito le informazioni in dettaglio da trasmettere a voi stessi, agli altri ma anche a tutti gli esseri viventi.

Bisogna concretizzare il pilotaggio in modo tale da cercare di definire determinate azioni di pilotaggio. Bisogna vedere queste azioni da molti punti di vista. Quando voi parlate di pilotaggio secondo la strutturazione della coscienza, voi

© Грабовой Г.П., 2015-2017

partite dalla costruzione di un determinato pensiero che può in qualche modo agire sullo sviluppo della coscienza e quando voi costruite questo pensiero, lo fate da tutti i punti di vista. Osserverete che non solo il pensiero della vita eterna fa parte dell'azione, ma anche tutti i tipi di pensiero che formulate nello spazio dell'Anima.

Ogni pensiero è relativo ad un peso, nel senso che ogni elemento della realtà, compreso il pensiero, ha un peso, e in questo evento, la coscienza fa una valutazione di questo peso, come se facesse una valutazione degli oggetti fisici. Quando fate questa valutazione, la vostra immaginazione funziona, la coscienza inizia a lavorare secondo questo principio di valutazione e avviene uno scambio di informazione, tramite dei raggi che partono dalla coscienza, arrivano alla parte superiore della testa e poi a tutto il corpo fisico e allora avviene uno scambio di informazione.

Questo sistema di pensiero pesante, contiene in se tutti gli eventi del passato e del futuro, perché facendo riferimento all'Anima, che contiene in se tutti i pensieri di tutte le linee temporali, è possibile stabilire un livello di pensiero strategico che assicura negli eventi futuri la vita eterna. Per esempio pensate ad una pellicola fotografica dove vedete un'immagine dopo l'altra, l'Anima si sviluppa sul piano dell'ottenimento delle informazioni del futuro, ma contemporaneamente l'impulso del futuro è talmente reale che le informazioni del futuro possono essere indirizzate in modo preciso anche nel momento presente. L'Anima riceve dal Creatore le conoscenze del Creatore e tramite questa tecnologia, trasmettete le conoscenze anche agli altri e mentre lo fate, anche voi ricevete nello stesso istante, tutte le conoscenze che trasmettete, le conoscenze della personalità del Creatore, secondo il principio della contemporaneità dell'azione.

A differenza di ciò che avviene nella coscienza, nell'Anima ogni processo è sempre eterno e quindi voi pensate contemporaneamente con due flussi di pensiero. Da una parte esce un raggio di informazione e accanto il sistema di trasmissioni dell'informazione. Quando voi unite le categorie di pensiero con le categorie dei numeri eterni, quindi con il livello dell'Anima, voi assumete nello stesso momento le caratteristiche dell'Anima che influisce sulla struttura del Mondo, che garantisce la vita eterna del corpo fisico.

Pertanto passando al dettaglio della struttura del pensiero, in questo sesto metodo, potete osservare che abbiamo di fatto il chiarimento che si basa su queste caratteristiche che ho appena detto. Cioè che l'Anima si sviluppa sulla struttura dell'eternità. Quando ci chiediamo cosa ci sia oltre la struttura dell'eternità, noi passiamo al prossimo metodo di sviluppo della coscienza per garantire la vita eterna. In questo

© Грабовой Г.П., 2015-2017

metodo noi facciamo delle azioni in direzione dello sviluppo eterno di tutti. Da questo punto di vista noi agiamo direttamente nel Mondo eterno e lo sviluppiamo, ancora meglio immaginate un edificio che sia stato già tutto costruito.

Voi dovrete costruire accanto a questo edificio, uno stesso edificio uguale. Vedendo il Creatore come una struttura unica dell'azione primordiale, vediamo un altro Creatore dove ci sono processi di scambio tra un Creatore e l'altro. Quindi portiamo le caratteristiche del primo edificio nel secondo.

Nel metodo successivo analizziamo il campo dell'informazione come un'informazione creata dal Creatore e facciamo in modo che tramite il pensiero avvenga uno scambio di flusso dell'informazione tra noi e il Creatore, che ha creato il Mondo sin dall'inizio, a livello dello sviluppo personale e della coscienza.

Pertanto l'interazione di queste informazioni avviene nello spazio fisico e garantisce armonia eterna al corpo fisico. Questo significa che lo spazio fisico è importante perché assume un ruolo di contatto. Qui passiamo all'ottavo metodo dello sviluppo della vita eterna, non solo agli esseri viventi, ma anche della realtà intera. La realtà nel suo complesso. Immaginate come ha fatto il Creatore.

Lui ha creato il Mondo eterno, periodicamente inviava degli impulsi e sviluppava la realtà già esistente. Per struttura del Mondo intendiamo la realtà intera, anche una montagna o una pietra. Per fare questo, bisogna attivare la struttura della coscienza in modo da inviare questi impulsi del Creatore anche alle cose che sembrano inanimate.

Lo stesso processo poi si può applicare alle cellule e all'intero corpo fisico e ai suoi micro processi. Si può agire sulla realtà eterna anche prevenendo terremoti, o impedendo ad un asteroide di infrangersi contro il nostro pianeta, sviluppando un sistema di pensiero agganciato al tempo eterno. Consiglio di fare un pilotaggio con questo metodo, per evitare che avvengano sistemi catastrofici.

***

Tutti insieme, in modo sincronico, concentratevi sul corpo fisico e sui sistemi cellulari, per fare in modo di modificare anche il campo della realtà.

Cominciate a vedere gli oggetti della realtà che sono vicini a voi. Poco tempo fa un meteorite è passato vicino alla terra. Se fosse entrato in contatto con la terra ci sarebbe stata una catastrofe.

Noi dobbiamo prevenire questi eventi catastrofici. Questo si fa spostando il sistema di diagnosi della realtà esterna all'interno del corpo. I processi di scambio dell'organismo si esprimono in numeri di sette cifre. La struttura del mondo

© Грабовой Г.П., 2015-2017

esterno è ciò che avviene anche all'interno del corpo fisico ogni istante. Questo perché i processi del corpo corrispondono a quelli della realtà esterna.

Tanto più lavorate su questi aspetti, tanto più l'organismo si normalizza. Più ci si rivolge al Mondo eterno più le cellule diventano luminose.

Il nono metodo è invece caratterizzato dal fatto che lo scambio di luce dell'informazione è più veloce dell'informazione stessa. A livello dei sistemi super veloci della coscienza, sull'onda del futuro mettete la struttura della vita eterna, per esempio con le sequenze numeriche, e questo avviene in modo talmente veloce che nella coscienza è già tutto costruito.

In questo metodo la struttura del pilotaggio è tale, che si può strutturare il pilotaggio per la guarigione del corpo.

Il decimo consiste nel fatto di considerare la realtà eterna come una risorsa, tenendo conto dell'esistenza di tutti coloro che riflettono e pilotano la vita eterna, noi possiamo stabilire che l'eternità è pilotabile.

© Грабовой Г.П., 2015-2017

Nell'undicesimo metodo si può sviluppare la conoscenza e l'Anima come risultato dell'eternità pilotabile.

Nel dodicesimo metodo esiste un sistema di pilotaggio in forma di sequenze numeriche. Utilizzando queste sequenze numeriche si mette in atto tutto ciò che è stato detto nei precedenti metodi.

- 284712 - nel pilotaggio attraverso l'8 - osservate che lo potete disporre in forma di eternità.

La serie numerica agisce in una enorme quantità di azioni, si riversa sul campo dell'informazione informazione del pensiero e del Mondo eterno.

© Грабовой Г.П., 2015-2017

"Il Bene Vince Sempre"

Grigori Grabovoi

WEBINAR DEL 30-03-2016

Il webinar di oggi è il mio insegnamento su Dio, su l'apparecchiatura tecnologica della vita eterna, e il metodo di applicazione dell'apparecchio di Grigori Grabovoi PRK-1U.

In questo tema considero e spiego soprattutto la costruzione dell'apparecchio dal punto di vista dello sviluppo della vita eterna.

Quando Dio, il Creatore, guardava lo sviluppo dell'uomo e come era la tecnologia dal suo punto di vista, Lui considerava i principi della costruzione della tecnologia per la vita eterna in questa tipologia, inserendo fin dall'inizio la post-azione.

Quando il Creatore agiva costruendo l'idea della tecnologia del futuro, lui considerava tutte la sfumature della costruzione considerando il tempo futuro, da qui deriva logicamente che la costruzione dell'apparecchio include la previsione dell'azione futura.

© Грабовой Г.П., 2015-2017

Queste funzionalità possono essere viste come azioni nel futuro, nel tempo presente, in quanto ogni evento corrente con immediata velocità passa al futuro.

E' importante constatare che questi apparecchi hanno una funzionalità, cioè, devono funzionare per un tempo infinito. Per esempio, la quantità delle volte di utilizzo dell'apparecchio è illimitato.

Ogni volta che si utilizza, questo si amplifica e aumenta lo sviluppo e la capacità di gestire, di pilotare. Il momento che garantisce questo sviluppo consiste nel fatto che l'evento del tempo corrente, immediatamente passa al futuro.

Guardando questo principio di immediatezza, possiamo provare anche la fonte delle energie. Se noi ci domandiamo come si conservano gli eventi dal punto di vista della conservazione dell'energia, possiamo immaginare che l'energia viene modellata dal futuro, dalla coscienza di Dio per esempio. Allo stesso modo dentro il lavoro con l'apparecchio deve essere presente la coscienza dell'uomo.

Questo ci dà la garanzia che, se non ci sarà una fonte energetica fisica, l'apparecchio può sempre concludere il lavoro, in quanto l'energia proviene dalla coscienza umana.

Così diventa importante per la tecnologia del futuro, avere più fonti di provenienza di energia e scegliere in base alle circostanze. Per esempio in caso di assenza di provenienza di

© Грабовой Г.П., 2015-2017

energia dalla fonte fisica elettrica, l'energia può provenire da vari punti ottici della realtà.

In questo caso si terrà sempre presente che esistono anche fonti fisiche di energia standard, ma l'apparecchio potrà completare il lavoro garantendo la vita eterna a tutti.

La pratica dell'utilizzo dell'apparecchio dimostra che questi meccanismi funzionano sempre. L'importante caratteristica di questo apparecchio è la sistematicità. Ad oggi i risultati lo confermano al 100% dei casi e dimostrano che l'apparecchio è adatto alla coscienza dell'uomo di oggi.

Quando Dio ha inserito nello sviluppo dell'umanità, lo sviluppo della tecnologia, ha certamente previsto l'apparecchiatura che deve supportare e garantire la vita eterna. La funzionalità dell'apparecchio, interagisce non solo con la coscienza di Dio e dell'uomo, ma anche con strutture simili alla coscienza dell'uomo, e per questo è inserito nel dispositivo, che la funzionalità è controllabile dall'uomo.

L'apparecchio adattato alla coscienza dell'uomo, e controllabile dalla sua coscienza, ne garantisce la governabilità.

Quando Dio ha previsto che l'apparecchio farà in modo che ci siano le conseguenze nella realtà e nelle azioni dell'uomo, ha disposto che queste conoscenze devono garantire la vita eterna a tutti, per questo nell'apparecchio sono inseriti dei meccanismi di contatto che assicurano la vita eterna.

In questo caso bisogna sottolineare due aspetti della funzionalità del dispositivo.

1°) Il primo livello agisce nella realizzare l'obiettivo concreto dell'operatore.

2°) Il secondo livello è la conseguenza che riguarda in generale la vita eterna per tutti.

Questa funzionalità dell'apparecchio permette di individuare all'interno dell'organismo, la materia stessa della vita eterna, nel momento in cui questa materia, questo campo inizia a interagire con l'apparecchio.

A questo punto il dispositivo, cominciando a interagire con il campo e con la materia, diventa un sistema come tutti gli altri sistemi indirizzati alla vita eterna.

Ogni uomo, ogni essere vivente ha una struttura di contatto con la vita eterna. Queste strutture sono già fortemente sviluppate in alcuni uomini, che sanno già oggi vivere eternamente, altri hanno bisogno di un supporto per sviluppare queste facoltà, e l'apparecchio lavorando con la materia della vita eterna, la rende in qualche modo visibile.

L'uomo attraverso l'azione dello spirito e della coscienza comincia a vedere questa materia che produce l'apparecchio.

In base alla pratica avuta fino ad oggi, gli operatori che provano l'apparecchio, hanno delle percezioni pronunciate evidenti, visualizzazioni del futuro. il fatto che appaiono e

© Грабовой Г.П., 2015-2017

scompaiono visualizzazioni di eventi futuri, è una cosa giusta e normale, perché la materia della vita eterna contiene tutti gli eventi del futuro.

L'uomo che comincia ad avere queste visualizzazioni spontanee, praticamente riapre queste facoltà di cui è sempre stato dotato, le sviluppa e le porta alla strutturizzazione in un tempo più veloce. Quando questo contatto già conosciuto dall'uomo che utilizza la macchina diventa familiare, per l'uomo diventa facile ricordare questo stato spirituale in cui avviene questo contatto con la materia della vita eterna, e dopodiché, per questa memoria, può continuare a trovarsi in questo stato per pilotare la propria vita.

Se guardate dal punto di vista della vita eterna, il concetto del ringiovanimento dal punto di vista di Dio, che per mostrare la dinamica del tempo da lui creato, può ringiovanirsi, e può anche lasciare andare il tempo, allora per la materia della vita eterna, appare una specie di periodicità per utilizzare la dinamica del tempo.

Se guarda la materia della vita eterna, colui che utilizza l'apparecchio allora vede questa materia, il limite, il tempo dell'età non è definito in questa materia. Quando l'uomo vede queste informazioni, comincia a lavorare con queste e dentro di lui si attivano processi statici di un tempo non determinato, di un'età non definibile.

© Грабовой Г.П., 2015-2017

In base alla pratica fino ad oggi, con poco più di 100 test fatti, si è constatato che un unico impulso sul ringiovanimento, si mantiene stabile ed è accompagnato da evidenti caratteristiche fisiche come il cambiamento di pelle, uno stato di essere energetico interiore, e anche un cambiamento di avvenimenti circostanti.

Questo perché a livello concettuale, la struttura del corpo fisico deve corrispondere alla materia della vita eterna. Questo stato poi si conserva per sempre.

Dal punto di vista della funzionalità dell'apparecchio, come aiuto allo sviluppo della concentrazione, possiamo considerare questo esempio, una versione della spiegazione di questa funzionalità.

Dio avendo creato il Mondo, ha dato la libertà di sviluppo a tutti, la libertà di evolversi anche attraverso sistemi tecnologici di sviluppo. La macchina sviluppa la capacità di concentrazione di pilotaggio in senso creativo delle possibilità dell'uomo.

Nel primario significato della creazione dell'uomo, questo apparecchio diventa una tecnologia più naturale, più adatta agli uomini e a tutti gli esseri viventi, in quanto sviluppa le facoltà naturali insite nell'uomo. L'apparecchio dà la possibilità sia della concentrazione sul ringiovanimento, che la funzione dello sviluppo della concentrazione per la vita

© Грабовой Г.П., 2015-2017

eterna, riguardo alla chiaroveggenza e lo sviluppo della previsione pilotante, e il pilotaggio di tutti gli eventi.

Questo è il livello in cui l'uomo è dotato fin dalla nascita, lo sviluppo di queste facoltà, permettono alla personalità di realizzarsi. L'importante è sottolineare che le funzionalità dell'apparecchio riguardo alla previsione pilotante, utilizzando questo tipo di pilotaggio, per previsione pilotante, l'uomo impara in tempo breve a fare le stesse cose che riesce a fare con l'apparecchio.

Anche se oggi ciò si potrebbe determinare per un certo periodo, è importante che la persona raggiunga un livello tale, da non aver più bisogno di usare l'apparecchio, anche se questo continua a sviluppare ancora di più le facoltà dell'uomo.

l'apparecchio si sviluppa, partendo dal livello della persona, dalla base che ha. Per questo raggiungendo un livello alto di sviluppo, potendo fare qualsiasi cosa senza l'apparecchio, è consigliabile lavorarvi ancora, perché si sviluppa tutto più velocemente.

Tutto dipende dagli obiettivi, da quanto è importante l'obiettivo. Questo porta ad un'altra caratteristica del dispositivo e della tecnologia futura in generale, che a qualsiasi livello è sempre utilizzabile.

Possiamo riassumere e passare ai metodi di utilizzo dell'apparecchio.

© Грабовой Г.П., 2015-2017

1°) Il primo metodo si basa sul fatto che ogni tecnologia mirata alla vita eterna, deve funzionare per l'eternità. Quindi quando lavorate con l'apparecchio concentrandovi su un evento della vita, bisogna inserire nel pilotaggio la possibilità di utilizzare in un futuro infinito l'apparecchio.

Se l'apparecchio non si trova fisicamente vicino a voi, è sufficiente lavorare con la memoria, basta ricordarsi, e mentalmente attivarla e attivarsi.

L'apparecchio è tarato sulla persona, ma l'operatore che ha la macchina intestata può lavorare con persone esterne. Nella struttura dell'utilizzo si può applicare un secondo metodo.

2°) Secondo metodo. Colui per cui l'apparecchio è sintonizzato, lo può applicare ad altre persone e lavorare sia sull'obbiettivo personale che su quello delle persone esterne. Nella pratica risulta che il lavoro con l'apparecchio in cui si è presenti fisicamente, o a distanza, per esempio attraverso skype, funziona egualmente.

Quindi nel caso che la macchina sia sintonizzata su 8 persone, è sufficiente collegarsi attraverso skype, tutti gli altri perciò, possono non essere presenti fisicamente, quindi qualcuno può lavoravi fisicamente e altri a distanza, allo stesso tempo ognuno può lavorare individualmente in qualsiasi momento.

Qui si può aggiungere un terzo metodo.

© Грабовой Г.П., 2015-2017

3°) Terzo metodo. Il lavoro con l'apparecchio, nel caso in cui il lavoro venga fatto dal gruppo, ognuno con i propri obiettivi comuni o diversi, permette di applicare la legge collettiva, qui si aggiunge un effetto di esperienza positiva, l'esperienza di questa conoscenza amplifica il risultato del gruppo.

A questo punto vediamo il quarto metodo.

4°) Quarto metodo. Considerando la possibilità del lavoro a distanza o dell'essere presenti fisicamente, si può evidenziare un'altra funzionalità dell'apparecchio, come quella dell'apprendimento delle conoscenze che derivano dal contatto con la materia della vita eterna.

Per esempio, concentrandosi sui punti dello sviluppo della chiaroveggenza e previsione pilotante, diventa possibile attraverso la materia della vita eterna, attraverso quel campo che genera l'apparecchio, risolvere molti problemi correnti, allo stesso momento, durante questo lavoro arrivano tantissimi impulsi informativi, appaiono nuovi sistemi di informazione e di conoscenze, tutto questo permette di consapevolizzare in modo più profondo il meccanismo di questa funzionalità.

Si possono avere suggerimenti di pilotaggio più corretto, su soluzioni più corrette e altri suggerimenti. Lavorando con la materia della vita eterna tramite il dispositivo, questo aiuta a

© Грабовой Г.П., 2015-2017   31 determinare molte scelte e decisioni che devono essere prese, la consapevolezza, la comprensione dei processi diventa più approfondita, più limpida.

5°) Quinto metodo. Il quinto metodo di utilizzo, considerando che l'apparecchio permette di amplificare e strutturare tutte le facoltà dell'uomo, soprattutto la possibilità di assicurarsi la vita eterna, in questo metodo si possono utilizzare tante strutture di pilotaggio contemporaneamente.

Per esempio, la concentrazione sulla chiaroveggenza e contemporaneamente sulla previsione pilotante, nello stesso momento si possono visualizzare livelli di flusso di pilotaggio. Lo scopo è veloce, super veloce e vi è una efficace realizzazione del pilotaggio, a volte è immediato l'apprendimento di una enorme quantità di informazioni.

Questo è uno degli obiettivi indispensabili per la vita eterna, perché il contesto della vita eterna, spesso presenta situazioni in cui è improntante sapere immediatamente, apprendere ed elaborare enormi quantità di informazioni.

Da questo punto di vista, l'apparecchio può essere utilizzato con diversi metodi, considerando che funziona in modo da realizzare la concentrazione, e riguarda anche l'insegnamento della scienza di Grigori Grabovoi.

L'apparecchio verrà accompagnato da una chiavetta contenente tutto l'insegnamento, testi audio e video in

© Грабовой Г.П., 2015-2017

diverse lingue. Questo elenco di materiale di studio è in continuo aumento, chi acquista l'apparecchio, ha accesso alla biblioteca con le sue opere. La costruzione del dispositivo è personalizzata, viene concessa una licenza per quattro anni, al termine dei quali tutto questo materiale rimane a disposizione di chi ha licenza.

Verrano date concentrazioni nel materiale di studio, e lavorando con questi metodi utilizzando l'apparecchio, avrete un aumento maggiore al vostro pilotaggio e alle concentrazioni, che permetteranno a loro volta di apprendere tutto il programma di insegnamento in tempi molto veloci.

Contemporaneamente questo consente di raggiungere risultati di pilotaggio per gli obiettivi personali, in questo modo, il dispositivo della concentrazione PRK-1U, realizza i vostri completi obiettivi sulla vita eterna e soddisfa tutte le esigenze della tecnologia della vita eterna.

Con questo concludo il webinar di oggi, grazie per la vostra partecipazione, voglio ringraziare tutti coloro che hanno testato l'apparecchio, si sono già stabiliti risultati sistematici dell'utilizzo, importante è la divulgazione.

Chi conosce bene l'apparecchio può collaborare all'interno della struttura di Grigori Grabovoi, e siccome questo è soltanto il primo degli apparecchi di questa nuova tecnologia, è importante interessarsi, conoscere le possibilità anche dei futuri apparecchi che sono in procinto di arrivare, ancora una volta grazie e felice vita eterna a tutti.

Grazie, grazie, grazie....

****

INSEGNAMENTO SU DIO - METODI DI PILOTAGGIO DEGLI EVENTI, SIMULTANEAMENTE ALL'UTILIZZO DEI DISPOSITIVI TECNICI.

WEBINAR
GRIGORI GRABOVOI - 17 OTTOBRE 2016

Buongiorno, il tema del webinar di oggi è il mio "Insegnamento su Dio: metodi di pilotaggio degli eventi simultaneamente all'utilizzo di dispositivi tecnici".

Nel tema del webinar viene utilizzato il principio in cui la simultaneità dal punto di vista di Dio, consiste nel fatto che voi guardiate il pilotaggio di Dio dall'esterno, allora si riesce a vedere la simultaneità che si manifesta assolutamente in

© Грабовой Г.П., 2015-2017

tutto allo stesso istante. Quindi guardando i metodi di pilotaggio, usate il

"Metodo dell'identità d'azione" e quando voi fate un'azione, Dio può fare questa insieme a voi simultaneamente, ma anche in tutti i luoghi, da qui deriva che avendo chiaro l'obiettivo del pilotaggio, possiamo agire simultaneamente a Dio. Bisogna imparare la contemporaneità dell'azione: Dio è il Creatore del Mondo, quando ha creato il Mondo, il pilotaggio e l'azione successiva, ha previsto la Sua propria presenza e azione in modo tale che Egli possa partecipare in forma d'azione diretta, oppure attraverso il livello dell'azione della sua creazione (attraverso noi ndr).

Guardiamo un esempio banale, voi guidate la macchina, possiamo osservare quanto segue: voi prendete una decisione, guidate secondo una logica razionale in base agli eventi che incontrate lungo il viaggio e intraprendete le azioni adeguate. In questo caso voi guidate un'attrezzatura tecnica. Quando voi guidate la macchina, voi potete, utilizzando la chiaroveggenza e la previsione pilotante, tenere sempre sotto osservazione sia la micro-struttura che la macrostruttura dell'automobile; si può guardare il macro-livello e contemporaneamente osservare tutti i sistemi tecnici dell'automobile, e pronosticare lo stato di tutti i sistemi tecnici dell'automobile; quindi utilizzando il comune raziocinio ed il comune processo logico nei confronti della destinazione di guida, voi contemporaneamente, con una previsione pilotante sviluppata, potete pilotare attrezzature tecniche e questo è un esempio di pilotaggio simultaneo, mentre guidate la macchina e osservate tutto lo svolgimento del processo a livello tecnico, sia nel tempo reale che nella visione futura. Voi realizzate il "Metodo di simultaneità" quando unite azioni fisiche, meccaniche, con azioni interiori, spirituali.

Questo nel futuro sarà un metodo molto diffuso, ordinario, di utilizzare la tecnologia in questa maniera, in cui l'ambiente esterno è sempre sotto il governo dello spirito, nel futuro questo sarà applicato alla tecnologia corrente.

Se a questo aggiungiamo la "Tecnologia capace di reagire al vostro pensiero", quindi il dispositivo per lo sviluppo della concentrazione per la vita eterna - PRK-1U - (nel futuro farò molti altri dispositivi di questo tipo), in questo caso voi aggiungete l'azione esterna attraverso il dispositivo tecnico e in questo caso alla simultaneità viene aggiunta un'ulteriore risorsa; viene aggiunto un ulteriore campo di pilotaggio.

In questo tipo di pilotaggio è sempre presente la "Logicità" del raziocinio cui si aggiunge la "Chiaroveggenza pilotante" che opera nell'ambiente fisico dove sono presenti attrezzature tecniche, a cui si aggiunge il dispositivo in sè.

© Грабовой Г.П., 2015-2017

Il "Primo metodo" di pilotaggio simultaneo, come abbiamo visto consiste nell'associare il vostro raziocinio alla chiaroveggenza pilotante nell'ambiente dove sono presenti attrezzature tecniche, per esempio le automobili. Questo "Primo metodo" conduce attraverso il livello comparativo al "Secondo metodo" di pilotaggio simultaneo attraverso i dispositivi tecnici: questo secondo metodo appartiene in questo caso all'utilizzo della - PRK-1U - dispositivo per lo sviluppo della concentrazione per la vita eterna, e qui si aggiunge la struttura del "Pilotaggio consequenziale. Utilizzando il dispositivo tecnico, così come è stato descritto nelle sue funzionalità e utilizzando anche la parte consequenziale, cioè la chiaroveggenza o la previsione pilotante già sviluppata, voi dovete dal livello vostro raziocinio o coscienza, far uscire subito due "raggi di pilotaggio".

Questo tecnologicamente viene visto così: voi guardate davanti a voi la vostra "Sfera del vostro campo di raziocinio", e tenete presente che qui state lavorando al primo livello di accesso al pilotaggio, perché è attraverso la struttura del raziocinio che è coinvolta la parte logica del pilotaggio. Questa sfera che ha un diametro da 10 a 50 cm. (che visualizzate all'altezza del vostro cuore a circa un mt. di distanza) contiene il concetto del metodo simultaneo di pilotaggio dell'azione fisica e spirituale.

Il "Secondo metodo" si sviluppa in questo modo: proiettate il primo raggio nella sfera che rappresenta l'obiettivo del pilotaggio, e un secondo raggio che attraversa l'apparecchio PRK- 1U - anche questo raggio, che prima è passato attraverso l'apparecchio, proiettatelo verso l'evento del pilotaggio.

A differenza della guida di un'auto o di altre apparecchiature tecnologiche che non necessitano di concentrazione, nel caso di utilizzo della PRK-1U - è importante che il raggio che passa attraverso la PRK-1U raggiunga velocemente il primo raggio che esce dalla sfera del pensiero dell'evento che volete realizzare; mentre nella guida dell'auto o in qualsiasi altro caso in cui avete a che fare con attrezzature tecniche, voi guardate contemporaneamente con l'occhio destro e con l'occhio sinistro, qui bisogna prestare attenzione al fatto che esiste un metodo di diagnostica do qualsiasi attrezzatura tecnica, basato su cosa voi percepite da quel campo che appartiene alla vista fisica, allora i due raggi che partono dallo stesso punto del dispositivo tecnico, vengono (riflessi o proiettati) verso i vostri occhi, destro e sinistro - per via dell'irraggiamento ottico, nel momento in cui accade questo, sono importanti i

© Грабовой Г.П., 2015-2017

frammenti di luce che vanno verso l'occhio destro e sinistro, è importante vederli e percepirli con la coscienza.

Non riusciremo a percepire la velocità e una specie di prolungamento dei raggi provenienti dalla PRK-1U dai nostri occhi, in questo caso sappiamo che non è un'attrezzatura meccanica, ma un amplificatore della concentrazione per la vita eterna che amplifica e sviluppa le concentrazioni, prendendo questi frammenti di luce riflessa e mettendoli in coda al secondo raggio che esce dall'apparecchio, voi ricevete la simultaneità dell'azione del pilotaggio personale e del pilotaggio amplificato.

In questo secondo metodo, molto differente dal primo, nel quale è sufficiente realizzare gli eventi soltanto con un raggio sorgente dal campo mentale che è dovuto al fatto che sapete guidare, in questo secondo metodo per poter utilizzare tutti gli impulsi primari della vostra personalità, è importante utilizzare questa amplificazione; in alcuni casi questo avviene contemporaneamente al pilotaggio con l'utilizzo della tecnologia, mentre a volte ci vuole proprio un'accelerazione.

Perché serve fare questo?Perché così gli impulsi che partono da voi diventano vostri sistemi pilotanti stabili per la vita eterna, indipendentemente dalla tecnologia che utilizzate.

Considerate il fatto che ogni supporto tecnologico di questo tipo, può solo sviluppare il pilotaggio, con il tempo voi dovete essere "autonomi" e fare da soli. Forse per alcuni questo richiederà più tempo, ma in ogni caso l'obiettivo per tutti, è di raggiungere il livello di coscienza necessario per fare tutto da soli. E' importante realizzare una regola che proviene da Dio: così come nelle leggi fisiche ci sono delle gradazioni specifiche dei volumi fisici, che permettono attraverso determinate formule di calcolare l'evoluzione futura di certi processi fisici, così è evidente che per attrezzature tecniche di questo tipo - ma anche per automobili, aerei o altro, dove ci sia una certa velocità e certe funzionalità, si può determinare con esattezza la durata del volo, per esempio nel caso ci sia qualche occasionale interferenza esterna imprevista, questa entra a far parte di una certa probabilità di costruzione degli eventi: se il difetto è interno - questo è un campo - se il difetto è esterno per via di qualche interferenza esterna - voi potete allo stesso modo, osservando l'attrezzatura tecnica, dividere il campo della vostra percezione in due parti: lo stato tecnico interno dell'apparecchio e il fattore di interferenza che può ostacolare dall'ambiente esterno.

In presenza di un ostacolo esterno, può essere attivata la "Struttura del livello di infinità" del Mondo esterno, e dopo

© Грабовой Г.П., 2015-2017

questa attivazione potete trasferire questo campo di infinito all'interno per esempio di un aereo. Allora questo campo, inserito all'interno, comincia ad "Irradiare" una specie di sfera, questo è il mio metodo per la diagnostica degli aerei, e allora quando si forma la sfera, si vedono sul contorno della sfera tutti i possibili esiti degli eventi, perché voi avete sovrapposto tutti gli eventi che avvengono dentro il sistema, con quelli che potrebbero esistere al di fuori, diciamo - poco prevedibili, accidentali a livello logico.

Qui viene fuori una regola dal punto di vista di Dio, quando ha creato contemporaneamente tutti gli eventi ad un certo livello, inclusa l'autocreazione: "La regola dell'unificazione in un primo impulso di tutti gli eventi".

Questa regola dell'unificazione di tutti gli eventi in un primario impulso va diffusa per accelerare la concentrazione tramite i dispositivi tecnici, in modo che la concentrazione su tutti i livelli sia tale da garantire sistematicamente la realizzazione del vostro obiettivo.

In cosa consiste lo scopo del pilotaggio nella comprensione collettiva?

Qui bisogna vedere molto chiaramente che "La sistematicità consiste nella certezza assoluta di garantire la vita eterna a tutti". Questo avviene ad un certo livello di istruzione, e questo livello bisogna che con il tempo sia raggiunto da ogni persona, in base alla velocità con cui uno apprende l'insegnamento e raggiunge un livello tale da garantire la vita eterna a se stesso e contemporaneamente la realizza automaticamente per gli altri.

L'importanza di questo concetto, è capire che quando voi fate il pilotaggio, dovete ogni volta estendere la conoscenza a tutti, allora diventa importante anche una "Singola azione pilotante", che raggiunge il risultato e garantisce la vita eterna, è importante per elaborare "Il livello sistematico di pilotaggio".

Quindi riguardo a questo livello di unificazione di tutti gli impulsi, dove ognuno agisce nella direzione della vita eterna, noi possiamo anche vedere quando Dio ci invia diversi eventi che iniziano a dischiudersi e a manifestarsi davanti a noi, possiamo vedere e osservare anche un'altra un po' paradossale struttura del Mondo, cioè vedere che Dio "Dal futuro" forma questi eventi dirigendoli verso di noi.

Se immaginiamo che il Mondo è fatto in questa maniera per Dio, che ogni elemento viene creato da Dio in ogni istante del tempo, e che in teoria e in pratica per Dio non fa nessuna differenza creare eventi del passato basandosi su certi eventi del futuro, e che guardando il tempo da questa angolatura, si può vedere che Dio crea gli eventi dal futuro, e anche da un futuro piuttosto lontano.

© Грабовой Г.П., 2015-2017

A livello della logica umana, si potrebbe dire che Dio può formare un evento del futuro da un frammento del passato che poi trasferisce nel futuro e lo indirizza verso una persona concreta. Per Dio però, vale pure la regola che lui ha introdotto nella creazione del Mondo di "Ottimizzazione delle azioni". Perché Dio, anche se può farlo, dovrebbe fare due azioni invece di una? Per lui è più semplice creare l'evento direttamente nel futuro e indirizzarlo verso una persona concreta, quindi "Ottimizzazione dell'azione".

Si può immaginare la costruzione di queste azioni con un esempio: due treni viaggiano uno in senso contrario all'altro, uno da sinistra e uno da destra. Quello di destra è il treno del futuro, quello di sinistra del passato e si incontrano in un punto A. e dal treno del futuro gli eventi cominciano a trasferirsi nel treno del passato e così in questo punto si incontrano nel tempo presente.

Se questo tempo presente lo suddividiamo in frammenti o sotto frammenti, e suddividiamo il tempo presente sulle posizioni e proiezioni del tempo passato e futuro, allora il tempo corrente comincia a dissiparsi ed emerge una chiara e potente "Catena degli eventi", che con una minima correzione del futuro, da un risultato stabile di un futuro ottimale. Questo metodo di pilotaggio descritto, si può utilizzare per capire che qualsiasi attrezzatura tecnica che accelera, amplifica, sviluppa le concentrazioni per la vita eterna, nel caso di una profonda comprensione di questa, dà sostanzialmente una quantità maggiore di risorse all'utilizzatore.

Per questo esiste il "Terzo metodo" di pilotaggio. Il terzo metodo consiste nel cercare di capire, nel momento di utilizzo come funziona l'apparecchio. Considerando che questo dispositivo reagisce al vostro pensiero, allo sviluppo della vostra coscienza, allo sviluppo delle vostre potenzialità spirituali; allora emerge un compito un po' più complesso, ovviamente realizzabile. Bisogna controllare il dispositivo, in che modo si sviluppa, quanto questo apparecchio sviluppa la nostra concentrazione e contemporaneamente capire in che modo lo fa. Per questo a coloro che lavorano con il dispositivo, verranno forniti concreti diversi metodi di pilotaggio che aumentano al massimo le risorse dell'apparecchio. Grazie a questo le modifiche che apporterò all'apparecchio, verranno assimilate velocemente, perché ogni modificazione introdotta, lo potenzia molto, però è anche importante contemporaneamente fornire materiale istruttivo per poter sfruttare maggiormente le risorse dell'apparecchio. le modificazioni introdotte funzionano di per se, ma è opportuno comprenderle appieno, infatti pur avendo a disposizione qualsiasi tecnologia, il fattore

© Грабовой Г.П., 2015-2017

principale è e rimane sempre l'uomo e i suoi obiettivi e la tecnologia è solo di temporaneo supporto per tutti. Il raggiungimento della vita eterna si raggiunge più velocemente "Sviluppando simultaneamente sia la tecnologia che la coscienza dell'operatore".

Possiamo quindi concludere con assoluta certezza che quando voi aumentate il livello delle vostre conoscenze, utilizzando diverse tecnologie di questo tipo, voi "Amplificate" molto l'efficacia del lavoro. Adesso nella versione modificata dell'apparecchio PRK-1U per lo sviluppo della concentrazione per la vita eterna, è stato aggiunto un secondo pulsante, che amplifica e accelera in modo sostanziale l'intensità della concentrazione. Questo accade dal punto di vista della vita eterna da parte di tutti e non solo dell'utilizzatore, sono state aggiunte anche delle cifre vicino alle lenti, così che si possano utilizzare le sequenze numeriche. La costruzione in se è molto più complessa e richiede una certa istruzione per l'utilizzo, perché l'utilizzo delle sequenze, senza considerare la struttura interna del dispositivo, non realizza completamente il potenziale, invece in questi sistemi bisogna sfruttare al massimo le risorse, non solo grazie alla modificazione introdotta, ma anche grazie alla propria crescita nella comprensione del Mondo.

© Грабовой Г.П., 2015-2017

Per esempio, quando Dio ha creato il Mondo, ovviamente ha creato anche una struttura di istruzione che permette a tutti di svilupparsi verso la vita eterna, questo sia dal punto di vista della logica umana che Divina. Quando noi aggiungiamo a questo dei dispositivi tecnici preposti allo stesso obiettivo, dobbiamo capire che in essi comincia a realizzarsi il "Principio di comparabilità delle azioni", cioè - queste azioni cominciano ad essere comparabili con quello che fa l'uomo a livello di azione. Approfondendo cosa avviene all'interno di questo tipo di dispositivo, tanto più in quello modificato, si può vedere che il riflesso ottico dentro le lenti, amplifica il campo elettromagnetico in modo simile a quello che fa l'uomo durante il pilotaggio.

Il riflesso ottico all'interno delle lenti, amplificato dalle componenti elettromagnetiche, comincia a irradiarsi, avvicinandosi alla qualità di irraggiamento che emerge dallo stato pilotante dell'uomo, e quando per esempio noi guardiamo le strutture della vita eterna come sono, e come sono manifestate in natura, nei luoghi dove si percepisce più amplificato il campo dell'eternità, nel mondo vegetale, piante, montagne, pietre, e poi guardiamo la materia dell'eternità che viene generata dal dispositivo, allora possiamo notare una tendenza in comune, possiamo vedere che nella direzione della vita eterna le strutture della realtà

© Грабовой Г.П., 2015-2017

vengono suddivise per tipi - addirittura per classi - e che queste interagiscono e si aiutano a vicenda per il raggiungimento della vita eterna.

Considerando quello che ho detto sull'identità dell'emissione luminosa, possiamo aggiungere il "Quarto metodo", che si alterna in certo modo con il terzo metodo. Questi metodi infatti, il terzo e il quarto metodo di pilotaggio, possono essere percepiti come un unico metodo. Se il terzo metodo corrisponde all'azione attraverso il dispositivo, allora con il quarto metodo, è come se noi "Aiutassimo" il dispositivo a raggiungere meglio l'obiettivo. Questo aiuto non è legato alla funzionalità del dispositivo, dove già esistono di per se delle risorse definite per il pilotaggio nel caso della PKR-1U: noi amplifichiamo, a volte anche di moltissimo, queste risorse. Per esempio se osserviamo il mio brevetto "Metodo per la prevenzione delle catastrofi - e dispositivo per la realizzazione di questa prevenzione", si vede che esiste la possibilità di proiettare un biosegnale. Quando un uomo proietta un biosegnale, per esempio in forma di pensiero, allora la potenza dell'apparecchio può essere aumentata a volte anche in maniera impensabile, "IN MILIONI DI VOLTE" in riferimento al concreto obiettivo di pilotaggio - così come nel brevetto è spiegato che può essere ridotta la magnitudo del terremoto.

Succede allora che utilizzando il quarto metodo, è come se voi aiutaste il dispositivo. Succede così: - voi guardate l'impulso pilotante del dispositivo e gli ordinate una certa velocità addizionale; le risorse dell'apparecchio allora possono essere amplificate ad un punto infinito per la realizzazione del vostro obiettivo. Si intende per punto infinito una singola azione. Quando Dio ha creato il Mondo, ovviamente ha inserito nella sua creazione una costruzione di tale pilotaggio, dove sono presenti "POSSIBILITÀ INFINITE", perché solo così si può creare qualcosa localmente. Immaginate la costruzione o creazione del Mondo come segue: Quando l'uomo è nato, all'inizio probabilmente non si è domandato sul perché il creato è stato creato in questo modo, però la prima volta che si è posto la domanda, nell'uomo o in un altro essere vivente non necessariamente umano, è apparsa la necessità della risposta: -Come è apparso il Mondo? Su cosa è basato dal punto di vista della logica degli eventi e del pilotaggio? Cosa possiamo aspettarci da una successiva azione?-.

Ecco che dal punto di vista dell'assicurazione dello sviluppo eterno, ogni azione deve essere "Adeguata allo sviluppo eterno", perché Dio creando il Mondo, gli ha contemporaneamente fornito risorse infinite per lo sviluppo di ogni evento, come all'inizio della Sua creazione, allora queste infinite risorse noi dobbiamo vederle assolutamente in

© Грабовой Г.П., 2015-2017

tutto. Ovviamente in primo luogo nei sistemi che sono progettati per la realizzazione della vita eterna, ma anche negli esseri, negli oggetti e nei dispositivi creati intellettualmente dagli uomini e da altri esseri; così noi possiamo dire con certezza che il quarto metodo è "L'amplificazione attraverso la propria volontà", una certa correzione, un indirizzamento dell'azione del PKR-1U, in cui voi osservate l'impulso proveniente dall'utilizzo del PKR-1U e amplificate questo impulso.

Nel "Quinto metodo" voi concretamente, sebbene a livello mentale, create dentro l'apparecchio dei "Contenitori di campo" con infinite risorse di pilotaggio; voi potete utilizzare queste risorse infinite in caso di necessità, perché l'amplificazione di pilotaggio avviene non solo per via della potenza standard dell'apparecchio - che è sempre presente per il fatto che il dispositivo genera la materia della vita eterna - ma è possibile anche amplificare "In modo infinito" questa risorsa.

Il primo posizionamento di questi campi ha un peso importante, come nel secondo e nel terzo, e questo poi avviene successivamente nel vostro pilotaggio.

Quando per la prima volta voi posizionate queste sfere con infinite risorse in mezzo alle lenti del PKR-1U, bisogna che stiate attenti alla prima area di pilotaggio, cioè dove si trovano queste lenti. Bisogna cercare di ricordare il luogo in cui l'avete posizionato, e nel futuro tornarvi attraverso l'immaginazione o la chiaroveggenza, oppure attraverso l'accesso diretto dell'Anima, per fare questo bisogna: Guardando l'apparecchio da fuori, cercare di immaginare o vedere come in uno schema lo spazio in mezzo alle lenti, e fare così allo stesso modo fra gli altri sistemi ottici all'interno dell'apparecchio. Poi bisogna costruire la prima sfera nel blocco interno dell'apparecchio, vicino alla grande lente, che deve essere vicino a voi e al vostro corpo fisico c che va a posizionarsi sul confine o al limite, questo campo cade sul confine con la grande lente (tra il vostro corpo e la grande lente), e quando voi costruite dalla vostra coscienza questa lente aggiuntiva, questo campo-lente, voi potete molto velocemente aumentare o diminuire in modo infinito questo campo costruito dalla vostra coscienza. Per fare questo e sufficiente per esempio un impulso pilotante dal campo dell'Anima, può bastare anche dal campo della coscienza.

Quando voi realizzate il pilotaggio in questo modo, voi cominciate a vedere sempre più luminosità nel momento di queste vostre azioni pilotanti, il che significa che le fate in modo sufficientemente efficace. Quindi il vostro obiettivo è "Amplificare la luminosità di quel campo, cioè di quella lente addizionale creata dalla vostra coscienza.

© Грабовой Г.П., 2015-2017

Quando poi nel futuro lavorerete con l'apparecchio, avendo già alcune lenti costruite dalla vostra coscienza, per amplificare il pilotaggio potete sempre rivolgervi a queste lenti che avete già costruito; potete rivolgervi mentalmente o collegarvi tramite un certo raggio proveniente dal vostro corpo fisico, e allora avviene una certa amplificazione della concentrazione.

Perché allora serve proprio "L'infinità" all'inizio? Cioè l'aumento delle lenti? Perché quando Dio ha creato il Mondo, ovviamente ha impostato la questione in modo che il Mondo fosse infinito, però dal punto di vista di Dio. Se ci si pone la domanda - Perché Dio non ha creato un certo volume limitato, perché gli serviva per forza il Mondo infinito? -, qui c'è la logica del livello fisico, di questo processo quale è il Mondo esistente.

Su qualcosa deve basarsi questo Mondo, ed ogni elemento finito deve anch'esso basarsi su qualcosa; dal punto di vista del quadro fisico del Mondo, quello che oggi è manifestato come realtà fisica, come materia densa. Allora, al tempo della creazione, a disposizione di Dio c'era un altro tipo di materia: la "Materia occulta", come fondamenta di appoggio al successivo livello di sviluppo di questo Mondo, quindi è chiaro che da questo punto di vista il Mondo fisico deve essere infinito.

© Грабовой Г.П., 2015-2017

Sorge un'altra domanda - Lì nell'infinità, per esempio, com'è che si sviluppa la luce? - Si può presumere che l'infinità consista nel fatto che una volta finito il Mondo visibile, le luci girino su se stesse e tornino indietro, creando in questo modo un sistema chiuso, però questo sistema chiuso come ho detto deve basarsi su qualcosa ed essere contenuto da qualcosa, e allora emerge il successivo status dell'infinità; "L'infinità proveniente da Dio", dove vengono formate le leggi fisiche, dove esiste una specifica manifestazione di una o di un'altra realtà fisica.

Nello studio del Mondo fisico emerge che alcune leggi, per esempio, non vengano scoperte subito, soprattutto in lontani sistemi di realtà, nei lontani spazi cosmici; quando studiano lì, per esempio, i telescopi terrestri non possono scoprirle subito perché più lontano si va, più in modo imprevedibile può formarsi la realtà, perché le leggi a quella distanza possono modificarsi, e i sistemi o i dispositivi come la PRK-1U in questo caso devono lavorare per poter tenere sotto controllo tutti questi processi "Nell'infinito sviluppo".

Allora per far si che il Mondo si sviluppi in modo sistematico e stabile in certe strutture molto lontane, è meglio inviare attrezzature tecniche che comincino a svolgere il lavoro, e una volta ritornate con una raccolta di dati

© Грабовой Г.П., 2015-2017

completa, l'uomo li può studiare così da non sottoporsi a rischi. La questione fondamentale è sviluppare la coscienza ad un punto tale che la capacità di pilotaggio sia "Infinita" dal punto di vista della garanzia della vita eterna, alla materia fisica di qualsiasi uomo, per questo non è assolutamente superfluo per un periodo di passaggio, sviluppare un dispositivo tecnico, in modo che questi dispositivi realizzino processi di nuove conoscenze senza rischio per l'uomo e per ogni essere vivente.

Quindi quando voi pilotate utilizzando i dispositivi tecnici, per la concezione dello sviluppo della tecnologia, bisogna introdurre la struttura di garanzia della vita eterna nei sistemi molto distanti con l'utilizzo di attrezzature tecniche che non possono nuocere a nulla. Ed ecco che se poniamo questo obiettivo e guardiamo come ha agito Dio, che ha creato un Mondo enorme con un'enorme quantità di connessioni, diventa evidente che "Esiste" questo processo.

Quando lavorate con il PKR-1U, potete vedere che quando cominciate da un campo infinito portandolo ad un campo locale, quella lente che voi muovete con un movimento pendolare verso l'infinità e che poi torna nel punto locale per creare e poi amplificare, potete chiaramente vedere che, in quella lente in cui voi costruite per via della coscienza sono

"Riflessi sia l'infinito livello della vita, sia quello che sta realizzandosi per voi localmente".

Cioè dentro la lente, proprio per assicurare questa eterna infinita immagine di vita, si può vedere quali eventi concreti devono accadere, cioè voi cominciate a costruire un quadro di eventi assolutamente trasparente e visibile, potendoli osservare come foste di lato.

Allora avviene che il dispositivo tecnico in se - che funziona anche senza presenza della vostra volontà, cioè, "Costantemente aumenta e sviluppa la concentrazione"- i continui riflessi ottici, anch'essi cominciano a rafforzare quello che voi volete; cioè per esempio gli eventi del giorno successivo, oppure dei successivi cento anni. concretamente quello che voi volete: può essere anche milioni di anni, può essere alcuni giorni più milioni di anni insieme, cioè bisogna scegliere costruzioni di anni di pilotaggio temporali, così scegliendo queste costruzioni temporali voi potete guardare con più attenzione gli eventi concreti proprio qui, per via dei reciproci riflessi fra le lenti, potete scegliere di migliorare e illuminare proprio quegli eventi che vi servono; e soltanto per via di questa "Illuminazione", questi eventi cominciano a realizzarsi molto velocemente. Infatti quando Dio ha creato il Mondo, mentre creava il Mondo si poteva vedere che gli

 © Грабовой Г.П., 2015-2017

eventi che erano "Illuminati" si realizzavano, quella parte che non era illuminata poteva realizzarsi dopo, dal punto di vista del concetto del tempo, oppure si trattava di eventi che in realtà non erano differenti. Allora possiamo vedere che quando Dio creava il Mondo, dal punto di vista dei dispositivi tecnici che sono già riprodotti dall'uomo, si poteva notare una determinata costruzione che in questi dispositivi tecnici doveva essere inserita, cioè, la struttura di una specie di "Completamento di sviluppo" dal punto di vista di come è creato il Mondo.

Cioè, nell'apparecchio creato, come in qualsiasi altro oggetto della realtà, esiste una zona che si chiama "Zona di reazione dell'oggetto al Mondo esterno", e poiché il Mondo esterno è infinito, qualsiasi oggetto possiede un vettore che reagisce a questa infinità, però quando lavorate con un apparecchio come - PKR-1U -, l'obiettivo del quale è proprio quello di sviluppare la concentrazione della vita eterna, allora è chiaro che la reazione di questo vettore del dispositivo, creato appositamente in questo modo per realizzare praticamente il pilotaggio, è in grado di considerare tutta la costruzione esterna degli eventi.

Cioè, in questo dispositivo è già inserita la struttura di lavoro con tutta la realtà esterna - fra le diverse strutture, fra le inter connessioni di tutte le strutture diverse in questa

© Грабовой Г.П., 2015-2017

realtà, e si può vedere che quando voi guardate il pilotaggio dal punto di vista dei vostri obiettivi personali, indirizzando il raggio nel punto dove vengono costruiti gli eventi tramite l'apparecchio e che indirizzate nell'infinità, potete trovare dei "Corridoi dell'infinità", i quali ritornano a voi in versione "Fornitura", cioè assicurano la vita eterna in presenza di qualsiasi costruzione.

Con l'apparecchio quindi è più comodo lavorare perché l'apparecchio è una costruzione completa, una composizione di elementi tecnici, e quindi è una specie di "Filtro di stabilità" del pilotaggio. Il raggio di ritorno entra nuovamente nell'apparecchio, è un raggio che ha attraversato un infinito numero di strutture attraverso l'infinita struttura del Mondo, e in qualche modo ha scelto un determinato corridoio il quale gli permette di sviluppare avanti nel tempo le concentrazioni, in quanto l'apparecchio sviluppa le concentrazioni dal punto base.

Quindi sviluppandosi avanti nel tempo, anche impiegando più tempo, il dispositivo in ogni caso svilupperà sempre più le concentrazioni, allora poi il compito di lavorare senza apparecchio diventerà indifferente, perché sarà la coscienza che "Sostituirà" le funzioni dell'apparecchio.

Qualunque tempo ci voglia, questo è l'obiettivo che deve essere realizzato.

© Грабовой Г.П., 2015-2017

Quando noi guardiamo in che modo un dispositivo locale, interagendo con il Mondo infinito, rimanda l'impulso di ritorno che lo deve rifornire nello sviluppo della concentrazione per la vita eterna, noi concludiamo che in tutte le strutture della realtà, incluse quelle artificiali, esiste un certo vettore proveniente dall'infinità che introduce l'informazione di una "Auto rigenerazione del dispositivo", dato in condizioni date, perché quando Dio ha creato il Mondo, nella reazione propria ogni oggetto, Lui ha inserito anche la sua personale esperienza, certo non si tratta della similitudine "Simile come l'uomo è simile a Dio", ma questa variante di simile azione è un elemento "Comparabile con l'azione della coscienza" ma nei limiti funzionali, cioè si tratta di reazione funzionale, quindi l'apparecchio non potrà mai sostituire l'uomo, però può aiutare sostanzialmente ad aumentare le risorse dell'uomo in presenza di una profonda comprensione di queste funzioni dell'apparecchio, in quanto l'apparecchio interagisce attivamente con l'uomo.

Se utilizziamo una macchina qualsiasi, conoscendo solo una parte della sua funzionalità, questa è una situazione, ma se la utilizziamo conoscendole tutte, il suo uso diventa molto più efficace. La stessa cosa succede in questo caso, utilizzando il PKR-1U, bisogna considerare il fatto che il raggio ritorna dall'infinità - peraltro come ho detto, tutta la

© Грабовой Г.П., 2015-2017

realtà esterna rappresenta un punto di appoggio per il successivo livello di esistenza del dispositivo - questo raggio introduce funzioni di auto rigenerazione.

Quindi si costruisce un'altra sfera con la nostra coscienza, dopo la prima di cui abbiamo parlato, tra i sistemi ottici, fra il blocco interno e le lenti esterne, e in questa sfera in questo campo possiamo inserire funzioni di "Autoricostruzione" dell'apparecchio stesso.

Per voi diventerà molto chiaro a livello dell'Anima che poi trasferisce alla coscienza in caso di necessità, la sensazione di questa chiarezza è il criterio che voi state agendo correttamente e potete anche vedere che guardando le strutture di auto-organizzazione, autorigenerazione dell'apparecchio ad un certo livello, anche a livello atomico si può vedere che questo livello è identico in qualsiasi oggetto della realtà, ed ecco quando passate da questo livello al livello della tecnologia, per esempio se guardate l'autorigenerazione degli elementi della pietra a livello atomico, è chiaro che lì ci sono determinate forme limitate della pietra e il suo posizionamento nello spazio, la pietra comunque si trova nello spazio infinito, il punto di appoggio è l'infinità, il campo di appoggio è l'infinità del Mondo - allora per il dispositivo tecnico come PKR-1U, in questo campo di informazione pilotante, il compito

© Грабовой Г.П., 2015-2017

dell'apparecchio è di agire contemporaneamente allo sviluppo delle vostre concentrazioni, fino al livello necessario per garantire la vita eterna a tutti.

Evidentemente, contemporaneamente anche a voi viene garantita la vita eterna, però voi potete osservare come questo avviene, allora la priorità del vostro pilotaggio sta nel fatto che voi potete vedere tutto questo al livello di percezione consapevole e quando voi guardate, a differenza per esempio del livello di auto rigenerazione degli elementi della pietra, nell'apparecchio c'è una funzione regolatrice a distanza la quale è indirizzata a raggiungere questo tempo eterno, mentre per la pietra questa è semplicemente la sua posizione nel Mondo eterno.

Cioè, se dal punto di vista della composizione delle funzioni, questo è uno dei sistemi funzionali presenti nel dispositivo, il dispositivo aggiunge una specifica struttura come azione strutturale funzionale dell'apparecchio stesso, indirizzata all'assicurazione dell'eternità. Allora succede che esso può abbracciare il pilotaggio in modo prioritario, e diventa una macchina più avanzata di altre che non contengono queste funzioni.

Ecco, per far sì che le macchine del futuro siano così, che agiscano e anche garantiscano la vita eterna a tutti, le funzioni che oggi sono nel PKR-1U, devono in un modo o in un altro essere introdotte in qualsiasi aggregato tecnico del futuro, dove c'è interazione con il pensiero umano, o di qualsiasi altro essere che utilizzerà l'apparecchio per pilotaggi.

Immaginate che i cani possono guardare il televisore, e a volte lo guardano pure con interesse, dunque mostrando loro lo smartphone con le lenti è chiaro che avviene un contatto ottico, allora anche il cane comincia ad avere un certo livello di interazione, cioè a svilupparsi un certo livello di concentrazione per la vita eterna.

Cioè, l'apparecchio come macchina, è ovvio agisce su qualsiasi essere vivente, la differenza sta solo nel fatto che l'uomo può in paragone amplificare la risorsa grazie alle proprie capacità intellettuali, inoltre se in qualche modo indicate al cane, o ad altri animali domestici - le lenti concrete e le sequenze numeriche, anche il cane o gli altri animali con il tempo potranno agire e più consapevolmente percepire il segnale proveniente dal dispositivo, e poiché il compito della vita eterna ovviamente riguarda tutti gli esseri viventi, se iniziamo a utilizzare questi sistemi in modo che anche altri esseri viventi possano utilizzarli, possiamo anche sviluppare una struttura di pilotaggio, in cui noi possiamo sviluppare questo per tutti. Facciamo vedere lo smartphone

© Грабовой Г.П., 2015-2017

con le lenti del PKR-1U ai cani, ai gatti, ed altri esseri e possiamo osservare con questo, come loro cominciano a svilupparsi, in direzione della loro vita eterna.

Qui è importante osservare questo che processo per l'assicurazione della vita eterna a tutti gli esseri viventi, questo è reciprocamente benefico e reciprocamente arricchente ogni altro essere; se lavoriamo con i cani, nella versione modificata si può utilizzare la concentrazione con i numeri focalizzandoli vicino alla lente, di conseguenza si può osservare come cambia il comportamento dei cani, in casa, se per esempio utilizzando il PKR-1U, e mostriamo per qualche secondo lo schermo con le lenti, oltre al lavoro con la telepatia, il pilotaggio mentale, il pilotaggio diretto dell'Anima; allora si può accumulare l'esperienza di queste interazioni, per esempio anche con le piante, migliorarne la crescita etc. e vedere come iniziano a migliorare le risorse del Mondo esterno se lavorate con questo dispositivo.

Esiste un certo compito, saper sistematizzare queste conoscenze per poter migliorare ancora di più l'assicurazione della vita eterna per se e per tutti. Ed ecco che appena voi iniziate a praticare in questo modo più ampio, emerge un successivo momento di pilotaggio, lo stesso che è esistito nel momento della creazione del Mondo: Dio - avendo guardato nel complesso il pilotaggio e gli obiettivi del pilotaggio, ha impostato la questione del ricevimento dell'informazione esterna, che Lui ha realizzato in modo che l'informazione sia come la Sua propria informazione - è chiaro che Dio non avrebbe bisogno dell'esperienza, ma nemmeno Lui può sottrarsi ad un'intera onda di informazione con esperienze accumulate, che in ogni caso tornano a Lui; la questione è che per Lui, questa è una struttura primaria, che Lui ha introdotto fin dall'inizio, ma Dio può considerare questa esperienza anche come una persona fisica considera un'esperienza, allo stesso modo può assimilarla, migliorarla, e in questo senso Lui si avvicina all'uomo e inizia a "Collaborare con l'uomo", per assicurare la vita eterna e realizzare delle costruzioni o varianti di sviluppo. Ecco che quando voi guardate questa esperienza ricevuta dall'interazione con il Mondo esterno con l'utilizzo del dispositivo tecnico PRK-1U, dopo aver istruito il cane che lo ha osservato, e dopo aver analizzato la situazione, utilizzato per il cane e per tutti - allora allo stesso modo voi potete includere nei vostri oggetti di informazione anche il PRK-1U - stesso.

Cioè, se voi avete l'apparecchio fisicamente oppure lo osservate attraverso il monitor - che è uguale - è la stessa cosa guardarlo online in interrotta video-osservazione, anche in questo modo avete creato mentalmente un "Riflesso" del

© Грабовой Г.П., 2015-2017

dispositivo, come in uno specchio, e ricevete così un certo impulso dall'apparecchio stesso anche se si tratta della forma di costruzione mentale o riflesso, perché l'apparecchio deve per forza reagire al proprio riflesso.

Questo suo metodo di reazione, che non è certo uguale alla reazione della struttura della vostra coscienza, o di quella di un cane, anche se a volte i cani o qualsiasi essere vivente, in alcune strutture della vita possono avere degli elementi di una coscienza molto sviluppata. L'apparecchio però, è qualcosa di paragonabile alla coscienza come metodo di reazione all'oggetto esterno: allora succede che l'apparecchio può aumentare le proprie funzioni di auto sviluppo. In questo modo si può inserire in mezzo alle lenti, ancora una sfera (una terza sfera quindi), e poi da una parte, mentalmente ponete "L'immagine" proveniente dall'apparecchio, come se copiaste il quadro di questo blocco esterno di tre lenti, e dall'altra parte invece mettete il "Riflesso" dell'apparecchio, e cominciate a studiare "Come l'apparecchio stesso si sta istruendo". Da questo si può osservare il processo attraverso il quale voi potete aumentare le risorse dell'apparecchio per via di un certo livello di autoistruzione.

Quando voi comincerete a poter controllare questo processo dal di fuori, intanto vi sarà più chiaro come funziona l'apparecchio, perché allora saprete vedere in modo doppio, aumentando doppiamente le funzionalità del pilotaggio, potrete anche vedere come avviene "L'espansione degli impulsi" non solo nell'azione locale, lineare, e allo stesso tempo potete vedere come avviene una certa "Interazione" degli impulsi, che di fatto si realizzano.

Voi potete vedere come il dispositivo tecnico, che sviluppa la concentrazione per la vita eterna, contemporaneamente può sviluppare le proprie funzioni.

Se pensiamo ai principi del lavoro di questo dispositivo, notiamo che uno di questi principi consiste nello sviluppare la concentrazione per la vita eterna anche per un'altra persona, ma nella funzionalità dell'apparecchio deve essere inserito il concetto che la materia della vita eterna che viene generata dall'apparecchio, deve essere considerata ad un certo livello vicino a quello umano, poiché il primo punto di appoggio per l'azione dell'apparecchio è la coscienza sviluppata, già sviluppata fino ad un certo livello; cioè l'apparecchio deve fissare "Il livello primario"(il livello di coscienza dell'utilizzatore ndr).

L'azione successiva è "L'aggiunta" di luce nell'elemento di coscienza che garantisce la vita eterna presso tutte le strutture. Dal punto di vista ideologico, l'obiettivo è semplice, come se fosse un "Faro" che inserito integralmente nell'apparecchio per tutto il tempo, permette uno sviluppo solo in questa direzione, ponendo quindi un concreto e mirato

© Грабовой Г.П., 2015-2017

sistema d'azione, ma nello stesso tempo all'interno della realizzazione di questo obiettivo esistono dei sotto obiettivi di livello più umano, che sono descritti come logica dell'azione dell'apparecchio ad un certo livello programmatico.

Avviene così che guardando in questo modo l'interazione, potete vedere che l'apparecchio localizza un "Successivo punto" verso il quale bisogna aumentare la luce della coscienza - come quando ho parlato del secondo metodo, dove bisogna far raggiungere il livello di simultaneità di tutti gli eventi, verso l'evento mirato, sia direttamente che attraverso il dispositivo tecnico. Quindi bisogna osservare il momento in cui l'azione principale, l'obiettivo principale, è tale che noi, dal punto di vista della simultaneità, vediamo che allo stesso modo sia in quella sfera che voi costruite, quella sfera della vostra coscienza dove voi proiettate l'apparecchio e sia dove proiettate il riflesso, tutti questi processi devono essere paritari e simultanei.

Ecco che questo "Principio di parità" semplifica molto il lavoro, l'apparecchio in questo modo molto velocemente riesce a identificare i punti, le strutture successive dove lui deve sviluppare la coscienza, cioè nel complesso avviene che gli algoritmi che vengono costruiti nel pilotaggio, dal punto di vista della logica dell'interazione dei vettori di luce nel calcolo fisico matematico, sono effettivamente costruzioni molto complesse, però dal punto di vista della logica della costruzione del Mondo - dove deve esserci simultaneità di ogni azione - è tutto logicamente molto chiaro e concreto. Ed ecco succede, che se vogliamo un "Campo complesso di pilotaggio" dove vengono applicate per esempio diverse funzioni di carattere matematico, di ordine calcolatore, noi vogliamo migliorare la struttura per via della nostra osservazione: cioè semplicemente vedere e aggiungere il pilotaggio nella nostra osservazione, e anche una sua propria funzione specifica, che possiamo fare in questo modo.

Per esempio - per poter calcolare questo tipo di apparecchio, cioè per calcolare i riflessi interni, viene utilizzato un integrale quadruplo, bisogna utilizzare costruzioni molto complesse che sono legate al livello di calcolo di valutazione del campo di immagine, valutazione dei dati concreti e utilizzo delle caratteristiche esatte ottenute su base di nome, cognome etc. Così se noi guardiamo costruzioni complesse che hanno portato a risultati concreti legati ai concreti apparecchi, allora apoggiandosi su un volume calcolato si possono aumentare le risorse con azione amplificata - che fa pure parte della struttura dell'intenzione primaria dell'apparecchio - cioè - l'azione stessa dell'uomo.

© Грабовой Г.П., 2015-2017

Da qui possiamo vedere chiaramente che per quanto complessa sia la costruzione - perché nelle condizioni dell'eterno sviluppo è molto probabile che vi troviate di fronte a costruzioni molto complesse del sistema esterno - bisogna sapere subito valutare e correttamente considerare la struttura di interazione con questa.

L'apparecchio PRK-1U in un certo modo offre esperienza e pratica di utilizzo delle macchine che, tra le altre cose, hanno un ordine complesso di successive azioni dove sono inclusi sistemi di prognosi pilotante.

Allora voi cominciate in questo modo a interagire - potete proprio con il PRK-1U costruire già un successivo livello di quella sfera di coscienza, anche più di una, magari in un secondo tempo. Ne avete costruito una e potete iniziare la seconda, non deve necessariamente ripetere la prima, può essere differente nel contenuto. Voi cominciate a costruire una struttura tale che qualsiasi complessità tecnica incontriate, per via della chiaroveggenza pilotante, voi potete analizzarla in tutte el sue funzionalità di azione.

Anche nel momento dell'intento, quando la tecnica viene creata, esistono dei sistemi di prognosi interessati ad una specifica garanzia del futuro eterno - quando voi costruite il pilotaggio in modo tale che cominciate ad agire considerando diversi fattori inclusa l'eternità del Mondo esterno - potete perfettamente unire tutti i sistemi di pilotaggio - inclusa la

© Грабовой Г.П., 2015-2017

logica del proprio pilotaggio con determinati eventi esteriori e la logica del pilotaggio con apparecchi tecnici, tutto questo - in un unico campo unificato e osservare la proiezione di tutto il Mondo esterno su quel campo.

Allora potete vedere"Attraverso" ogni dispositivo tecnico per via della chiaroveggenza pilotante, anche dal punto di vista del livello atomico, e quindi anche del livello funzionale. Succede allora in sostanza che i sistemi super complessi non esistono più, perché soltanto per via della chiaroveggenza pilotante si può studiare qualsiasi sistema. Soltanto la chiaroveggenza, senza parlare del fatto che potete sviluppare la previsione pilotante, che è l'obiettivo fondamentale del mio insegnamento, dovete sviluppare ad un livello necessario.

Così diventano chiare le previsioni di sviluppo di qualsiasi dispositivo tecnico, e quindi incontrando tecnologie di qualsiasi complessità, basterà soltanto guardare nel futuro in un secondo, addirittura in un microsecondo, e si riuscirà con precisione a valutare cosa rappresenta questa attrezzatura, come può agire nei vostri confronti o nei confronti del Mondo o di qualcun altro.

Noi qui stiamo definendo una legge che permette di decodificare la formazione fisica; inclusa quella artificiale.

© Грабовой Г.П., 2015-2017

Dal futuro si può sempre vedere e subito capire con l'impulso primario - una specie di diretta conoscenza dell'Anima e dello spirito, e poi spesso simultaneamente, oppure in pochi millesecondi, trasferire questa cognizione alla coscienza, perché le funzioni dell'apparecchio sono determinate dal punto di vista della "Corrispondenza con l'eterno futuro"; spesso questo avviene con piccole quantità di vettori informativi.

Se il vettore primario coincide con il vettore di movimento della macchina, che garantisce la vita eterna, significa che la macchina è buona, che non è pericolosa, se non coincide bisogna cercare il perché. Allo stesso modo si possono diagnosticare varie attrezzature riguardo ai difetti oppure anche riguardo allo stato futuro di queste macchine.

Siccome il PRK-1U, a livello funzionale è proprio mirato al raggiungimento della vita eterna, lo sviluppo della concentrazione qui si può amplificare in modo adeguato. Ancora un "Metodo di amplificazione", che fa parte del quinto metodo che consiste che voi guardiate un certo periodo in avanti dal tempo presente nel futuro, e da un certo punto che si trova a poca distanza dalla costruzione degli eventi, utilizzando il PRK-1U, voi velocemente valutate l'azione del vettore del PRK-1U rivolto al pilotaggio e da soli aggiungete le funzioni di pilotaggio a voi necessarie.

Succede allora, che - come l'esempio che ho fatto con l'azione di Dio - il quale dal futuro da forma e ci manda l'evento, anche voi potrete farlo, come se dal futuro vi incontraste con l'azione pilotante del PRK-1U. Allora per prima cosa il sistema diventa controllabile, e questo è l'obiettivo comune per ogni aggregato tecnico, e noi dobbiamo sviluppare questa capacità, tutti quelli che lavorano con la nuova tecnologia, per seconda cosa voi amplificate la struttura e gli eventi concreti che garantiscono la vita eterna a voi e a tutti, grazie al fatto che voi vi trovate in un campo più distante di pilotaggio.

Sorge allora il momento in cui dal punto di vista dell'interazione simultanea con le vostre costruzioni degli eventi, come quegli eventi che sono amplificati grazie alla PRK-1U, per prima cosa voi potete contemporaneamente "Accumulare" l'esperienza vedendo come si sviluppa la materia della vita eterna e il vostro impulso di coscienza si realizza con l'aiuto del dispositivo tecnico, e nello stesso tempo potete guardare un "Altro momento": quando voi cominciate a guardare il pilotaggio proveniente dall'infinito futuro. In questo tipo di pilotaggio contano anche i dettagli. Per esempio voi vedete come viene amplificato il pilotaggio per via della generazione della materia della vita eterna, che avviene all'interno del PRK-1U. Gli stessi luoghi della

© Грабовой Г.П., 2015-2017

materia della vita eterna, possiamo trovarli nella natura, però bisogna saperli trovare.

Qui esiste una specie di coefficiente di "Comodità nell'interazione": la materia della vita eterna che viene generata dalla PKR-1U e da altri tipi di future modificazioni - oppure da altri dispositivi che già ora io ho elaborato, si può concentrando l'attenzione, in generale su tutto questo tipo di tecnologia, vedere che il pilotaggio degli eventi può provenire da voi con molta precisione con questa amplificazione della forza di pilotaggio "Proprio quando è necessario". Cioè voi potete iniziare a pilotare autonomamente, guardare la linea del vostro pilotaggio in forma di un raggio determinato, il quale si sviluppa e per esempio comincia a fermarsi, voi guardate se tutto è compiuto correttamente, se no - accendete sul vostro smartphone o computer l'immagine del dispositivo e amplificate il pilotaggio fino al livello necessario e di nuovo osservate.

Se il pilotaggio ha raggiunto lo scopo, smettete di pilotare con il PRK-1U, quindi la simultaneità può continuare ad utilizzarsi per futuri obiettivi che avrete - certo che si può utilizzare il PRK-1U senza limiti di tempo, però in questo caso parlo del pilotaggio consecutivo quando questo è necessario - e questo è legato al fatto che ci vuole una certa economia di tempo, perché ognuno ha qualche lavoro, qualche obiettivo concreto, e quindi per imparare a utilizzare in modo ottimale il PRK-1U, non si può perdere tempo a guardare l'immagine.

Quindi si può lavorare proprio per ottimizzare questo metodo, "Prolungando" la sua azione. Se invece voi iniziate il pilotaggio e diagnosticando vedete che urgentemente necessita l'utilizzo del PRK-1U, ovviamente ricorrete subito all'aiuto.

Con una certa esperienza arriverà la pratica di simultaneità, in cui si dovrà poter vedere la simultaneità come pilotaggio anche nell'intervallo di un certo tempo futuro: cioè l'impulso primario parte da un'unica fonte verso lo scopo primario di pilotaggio, e la simultaneità significa un supporto in un certo tempo nel futuro da parte del dispositivo, e succede che in quell'intervallo di tempo pilotate simultaneamente.

Perché in questo processo bisogna osservare che per Dio non esiste il tempo e Lui può guardare come presente anche un altro momento di tempo e per Lui la simultaneità esiste come qualcosa di astratto. Noi possiamo prendere, per non perdere tempo, gli eventi futuri, disporli su un'asse di coordinate orizzontali e indicare che tra un'ora noi guarderemo il PRK-1U. In realtà guardandolo adesso e

© Грабовой Г.П., 2015-2017

proiettandoci un'ora in avanti. Così quest'ora nel futuro si libera, e possiamo guardarlo solo pochi secondi in video-osservazione online adesso.

Quindi voi potete così guardare degli eventi del giorno per cinque minuti, utilizzando dal vostro smartphone l'immagine del vostro PRK-1U che lavora 24 ore al giorno, e così avrete tutto il tempo libero. Oppure se l'evento è molto importante, potete in questo caso sovrapporre il pilotaggio con il dispositivo (al momento indicato).

Comunque in futuro io pianifico che per il massimo utilizzo delle risorse contenute nel PRK-1U, che il dispositivo stesso sfrutti al massimo le sue risorse, verranno dati ancora ulteriori metodi specifici di utilizzo che aumenteranno ancora le sue risorse per via della vostra conoscenza.

Quando voi lavorate con il PRK-1U, è comunque auspicabile saper espandere queste conoscenze su tutto il sistema tecnologico, per esempio sulla diagnostica della vostra automobile, sulla diagnostica di eventi legati al trasporto nel futuro, perché più voi praticate con il PRK-1U, più avrete pratica di interazione con i sistemi di tipo esterno che vi possono aiutare. Per esempio voi dovete partire, c'è bisogno di valutare il tragitto, se ci sono diverse coincidenze, voi potete guardare tutto questo attraverso la chiaroveggenza pilotante, attraverso la previsione, e poi guardando attraverso il PRK-1U.

Ponete attenzione al fatto che la logistica del dispositivo che genera la materia della vita eterna, vi può aiutare nelle caratteristiche comparative. Per questo è sempre importante risolvere i futuri obiettivi di tutta l'umanità, di tutto ciò che vive , dal punto di vista dell'interazione con la tecnologia, perché nella concezione di qualsiasi dispositivo di questo livello che sviluppa e garantisce la vita eterna a tutti, è inserita la struttura del "Reciproco auto sviluppo". Più conoscenze voi avrete, più si potranno realizzare tecnologie che vi aiuteranno nei casi più imprevedibili dei sistemi della realizzazione della vita.

Forse ora non è necessario inserire subito nella parte prognostica questo fatto, però bisogna essere pronti a che la coscienza si sviluppi in modo tale che più noi ci sviluppiamo, più nuove e complesse situazioni di macro-composizione del Mondo si presentano. Ovviamente queste situazioni e obiettivi devono essere riconosciuti nel tempo, e nel tempo bisogna saperli sistematizzare.

Lavorando con l'apparecchio PRK-1U bisogna inserire delle "Posizioni fondamentali" per realizzazione del pilotaggio, non solo il raggiungimento di alcuni obiettivi

© Грабовой Г.П., 2015-2017

personali. Cercate di porre subito lobiettivo - se avete già la possibilità di accedere a questo dispositivo - che contemporaneamente è un potente trainino nel campo di interazione e sviluppo delle strutture con il Mondo esterno - e contemporaneamente di realizzare subito questo obiettivo.

Quindi - analogamente a come ha fatto Dio. Cioè, quando Lui ha realizzato tutta la realtà dal punto di vista della garanzia della vita eterna per tutti - voi potete guardare subito "Tutto" il bagaglio di esperienze che ricevete nella struttura di pilotaggio di questo tipo, e cominciare a differenziare questa esperienza e contemporaneamente decidere a livello di coscienza, e ancora contemporaneamente in casi di necessità di ricorrere al PRK-1U per aumentare il livello del traino e risolvere gli obiettivi fondamentali.

Quindi, una delle funzionalità di questo apparecchio può essere in base al vostro desiderio, ma io raccomando di realizzarla questa funzionalità della "Garanzia della vita eterna a tutti", in cui voi lavorate proprio con questo obiettivo di pilotaggio, con solo questo obiettivo.

Apparecchio e scopo del pilotaggio: iniziate periodicamente, almeno per poco tempo, poi possibilmente di più, a dedicare tempo agli obiettivi che riguardano tutti, allora è ovvio che quante più persone contemporaneamente, ma però anche in tempo separato, che lavorano per lo stesso obiettivo, si dedicheranno a questo scopo, tanto più tutto questo accelererà di molto.

Quando vengono guardate le strutture evolutive che sviluppano l'uomo, si possono realizzare principi simili per i sistemi tecnologici, quando questi cominciano a perfezionarsi, allora noi possiamo in questo modo risolvere in breve tempo l'obiettivo di garantire la vita eterna a tutti, in un tempo altamente veloce.

Con questo io concludo il webinar di oggi e le domande si possono mandare sulla posta indicata sul sito, si può inviare in qualsiasi lingua e nella successiva video lezione online, cercherò di rispondere a tutte le domande che verranno inviate. Per tutti coloro che utilizzano l'apparecchio che già oggi viene realizzato in maniera modificata, verranno dati specifici metodi che permettono di utilizzare tutte le risorse dell'apparecchio già modificato, io raccomando di studiare i video corsi relativi a come si può utilizzare pienamente questa risorsa che è L'apparecchio.

Quando voi acquistate queste conoscenze aggiuntive, come conseguenza vi sarà una ulteriore, sebbene non sostanziale, correzione nell'apparecchio stesso, e con la corrente

© Грабовой Г.П., 2015-2017

modificazione, l'apparecchio verrà realizzato con il massimo utilizzo delle risorse.

Ogni bene a tutti, un felice sistema di assicurazione della vita eterna, già pensato tecnologicamente, che vi aiuti pure il PRK-1U, ma in primo luogo è importante il fatto che voi stessi vi sviluppate, con la vostra esperienza personale, il vostro bagaglio di sviluppo.

Nel futuro verranno sviluppati diversi sistemi aggiuntivi - sistemi di modificazione in questa direzione e simili a questi dispositivi - da qui bisogna subito elaborare un unico principio di istruzione per il lavoro con questi sistemi; più velocemente e profondamente questa istruzione verrà assimilata, più velocemente verrà garantita a tutti la vita eterna.

Arrivederci al prossimo incontro. continua........

Grigori Petrovich Grabovoi, 17 Ottobre 2016

© Грабовой Г.П., 2015-2017

INSEGNAMENTO DI GRIGORI GRABOVOI SU DIO: INTERAZIONE TRA LA COSCIENZA E I DISPOSITIVI PER LO SVILUPPO DELLE CONCENTRAZIONI PER LA RASSICURAZIONE DELLA VITA ETERNA.

Grigori Grabovoi 20 Novembre 2016

Buongiorno.

Il tema dell'insegnamento di oggi è il mio insegnamento su Dio - Interazione tra la coscienza e i dispositivi per lo sviluppo della concentrazione per la rassicurazione della vita eterna.

In questo tema si studia l'approccio legato al fatto che qualsiasi concentrazione che avvenga attraverso la coscienza, si realizza nell'interazione con gli oggetti dell'ambiente esterno e altrettanto nell'interazione con le strutture interne della coscienza.

Quindi guardando la questione dell'interazione della coscienza con i sistemi di dispositivi che sviluppano la concentrazione, bisogna considerare - *due vettori di concentrazione* - che avvengono uno nel campo *interno* della

© Грабовой Г.П., 2015-2017

coscienza e l'altro nella struttura degli oggetti *esterni* alla coscienza.

In riferimento a questo, se osserviamo il principio che Dio ha realizzato mentre creava il Mondo, si può vedere il seguente quadro della creazione del Mondo: Dio che organizza tutte le parti consequenziali e tutti gli elementi del Mondo, crea *contemporaneamente* la struttura di causa-effetto dello sviluppo del Mondo. La conciliazione *dell'accesso diretto* a tutti gli intervalli temporali che avvengono nella coscienza di Dio e simultaneamente nella creazione dell'asse temporale di causa-effetto, ricrea un determinato tipo di informazione, che è propria dell'azione divina.

Questo tipo di informazione può essere differenziata come un determinato - *campo della coscienza di Dio* - che funziona direttamente dalla personalità di Dio e contemporaneamente interagisce con le manifestazioni del Mondo esterno da Lui creato. Quindi la divisione della coscienza di Dio, in struttura interna e struttura esterna rispetto a Dio, può essere osservata per esempio attraverso l'azione della coscienza umana, e durante questa azione, possono essere osservate tutte le interazioni interne che avvengono a livello ottico nell'azione della coscienza. In questo modo, avendo due vettori di sviluppo della coscienza,

© Грабовой Г.П., 2015-2017

come nel campo interno così all'esterno, si può evidenziare quel campo che interagisce, in un determinato grado nelle condizioni paritarie, con gli oggetti dell'ambiente esterno, e qui, in questo vettore della coscienza, si può evidenziare proprio l'interazione con il dispositivo per lo sviluppo della concentrazione.

Guardando il dispositivo per lo sviluppo delle concentrazioni per la vita eterna - PRK-1U - si può vedere, utilizzando la chiaroveggenza pilotante, che gli irraggiamenti ottici che avvengono nel blocco interno dell'apparecchio - e anche esterno - hanno una certa funzionalità vettoriale *di ritorno*. Cioè il vettore delle lenti esterne, che in forma di luce va a finire nell'ambiente esterno, così come l'irraggiamento ottico dei sistemi ottici interni, realizzano due campi di ***interazione con l'ambiente esterno*** circostante.

Ed ecco, per far si che l'interazione per l'assicurazione della vita eterna avvenga, non a livello degli oggetti irrilevanti dell'ambiente esterno, gli oggetti che hanno un significato neutro, per esempio oggetti dell'orizzonte remoto, se guardiamo un panorama dove si sposta una nuvola, o se vediamo nelle montagne lontane che lì c'è una pietra, se voi guardate questa pietra attraverso la vista spirituale, potete vedere che in questo caso, l'interazione ha determinate

© Грабовой Г.П., 2015-2017

caratteristiche di uno specifico livello di velocità di scambio: la velocità di interazione non è alta.

Con questo si può vedere che in questa interazione avviene un determinato livello di azione esterna, e una determinata forza d'azione della coscienza dell'uomo. Quando voi guardate questa interazione con gli oggetti citati della realtà esterna, qui vedete maggiormente la costruzione di pilotaggio dove il *campo di luce della coscienza*, che è formata di alcuni segmenti sferici, semplicemente si sovrappone all'oggetto dato, e qui emerge il sistema nel quale sono più sviluppate le fasi statiche della materia della coscienza. Nell'evoluzione della coscienza la fase statica, ha il significato di sviluppo del successivo impulso della coscienza.

All'interno del dispositivo per lo sviluppo delle concentrazioni -PRK-1U - si può vedere che il parametro evolutivo, qui è più sviluppato, nel senso che ogni elemento dell'interazione a livello ottico dell'apparecchio tra i blocco esterno ed il blocco interno, crea tali fasi statiche in quantità enorme, illimitata di fatto. Esse sono delle fondamenta per lo sviluppo di una coscienza di qualità, proprio finalizzata all'assicurazione della vita eterna. Perché le funzionalità dell'apparecchio, quando sono indirizzate all'assicurazione della vita eterna, tecnologicamente creano in modo artificiale una direzione di sviluppo della concentrazione, proprio nella struttura che assicura la vita eterna. Un qualche tipo di eventi comincia a diventare tale, che a livello di libero arbitrio voi potete evidenziare quello che vi serve prima di tutto.

Ed ecco, quando Dio creava il Mondo - nel senso dell'asse temporale di causa-effetto, guardando anche il futuro, come se fosse nel passato, Lui aveva più o meno la stessa scelta degli elementi dell'azione primaria. Lui doveva decidere in che modo dovevano realizzarsi quei livelli di coscienza e quei livelli di realtà, che nel tempo avrebbero dovuto essere i primi. Ed ecco la scelta dei *primi impulsi* di realizzazione a un livello specifico di conoscenze dove serve, di fatto, ottimizzare l'obiettivo di scelta, ottimizzare l'obiettivo di presa di decisione sull'asse temporale, preferibilmente in un determinato tempo, oppure è necessario che avvenga una determinata concreta azione.

Ed ecco, quando ci rivolgiamo al primo vettore di coscienza, quello rivolto verso il campo interno, noi possiamo vedere che proprio basandoci su un certo intimo profondo sentimento intuitivo, lì, dove l'Anima determina la fase di accelerazione nello sviluppo della coscienza, è evidente questo specifico meccanismo di ottimizzazione: la

© Грабовой Г.П., 2015-2017

scelta dell'Anima degli eventi che l'uomo vuole e ha necessità di realizzare prima di tutto.

Quando si sovrappone qualche desiderio di compimento delle azioni - e durante questo bisogna ottimizzare l'obiettivo - allora sempre a questo livello, intimo e profondo dell'Anima, quello che viene voglia di fare a livello dell'azione, cioè a livello dell'obbiettivo personale, ecco questa costruzione di pilotaggio, non subisce trasformazione con l'utilizzo della - PRK-1U - Noi possiamo scoprire che la legge dello sviluppo della tecnologia nell'infinito futuro, è tale che la tecnica *non può* influenzare gli obiettivi profondi e interni, ma possiamo determinare che la tecnologia può solo aiutarli.

Quando noi per esempio agevoliamo il fatto che l'apparecchio tecnico si realizzi in modo tale che nell'interazione aumenti lo sviluppo della concentrazione proprio per il raggiungimento e la garanzia della vita eterna, allora possiamo vedere che questa garanzia della vita eterna si trova a livello di quella costruzione di pilotaggio che è sempre assicurata dal presente corpo fisico. Per questo il campo interno della coscienza si trova anche all'interno del corpo fisico, in qualità di portatore della coscienza. Evidenziando per esempio nella struttura cellulare dell'uomo

© Грабовой Г.П., 2015-2017

quelle strutture materiali - atomi, molecole - che contengono il campo di appoggio che è la presenza della *materia della coscienza*, dalla quale la coscienza si sviluppa, si può vedere che da ogni livello materiale si diffonde un certo sistema , a volte mono direzionato, di linee di luce che significano vari germogli della coscienza, e poi esse si fondono, si uniscono e formano per esempio le costruzioni più complesse, che già significano un livello più sistematizzato della materia della coscienza dell'uomo.

Quando Dio creava quel Mondo in cui Lui stesso si poneva obiettivi di scelta di qualche decisione - del tipo di quelle che avrebbe risolto se fosse stato uomo - apparve allora una determinata monotipicità nella struttura logica dell'azione, legata al fatto che Dio, il Creatore, percepisce l'uomo ad un determinato livello come paritario, e con questo Lui dà all'uomo la possibilità di svilupparsi infinitamente, per raggiungere tutti quegli elementi nel pilotaggio dello sviluppo, che Lui, Dio Creatore di tutto il Mondo, ha inserito.

E questa idea di Dio non è semplicemente manifestata in questo caso come una qualsiasi idea di personalità - tipo, uno che ha voluto il Mondo così e basta - esistono determinate ragioni nella struttura del Mondo, per esempio sviluppare una

© Грабовой Г.П., 2015-2017

certa realtà dal nulla, anche questo è determinato da un determinato livello di leggi, già nel Mondo creato.

Ecco per esempio, perché le decisioni dell'uomo sono concentrate in Lui, nella sua struttura interna, nel suo Mondo interno ed esterno, però contemporaneamente esse influenzano tutte le strutture della realtà, perché il principio di organizzazione della realtà è tale, per cui dopo aver creato le leggi del Mondo esterno e del Mondo interno dell'uomo, e in generale di tutti gli esseri viventi, queste leggi, sviluppandosi da dentro, da queste strutture vive, creano per questo anche il Mondo esterno.

Cioè, se ci avviciniamo in modo più sottile alla comprensione del Mondo, possiamo vedere in questo caso, che le strutture sottili del Mondo nell'allontanamento infinito, si sviluppano così come determina l'Anima dell'uomo, oppure dell'azione della sua coscienza, così diventa chiaro che l'azione è *intoccabile*, perché su questa si basa il Mondo, e quando noi guardiamo una simile posizione nell'azione di Dio, vediamo che a livello logico Lui vi è giunto partendo dalla sua stessa logica, che bisogna assicurare da un oggetto di informazione creato, praticamente tutta la costruzione esterna del Mondo.

© Грабовой Г.П., 2015-2017

Creando sullo stesso principio il dispositivo per lo sviluppo delle concentrazioni - PRK-1U - in cui sono collegati determinati livelli ottici degli eventi, e dei futuri eventi per assicurare la vita eterna, io osservavo dentro l'apparecchio uno specifico punto ottico, che nella sua funzionalità interagisce proprio con il Mondo esterno, non nel modo di un segnale, di una direttiva o di un'onda, ma nel senso ottico, si può dire anche di un'azione che prima di tutto regola, a livello di parità di oggetti di informazione, il quadro del Mondo, all'interno di una struttura di assicurazione della vita eterna del Mondo e ovviamente di tutto ciò che è vivente.

Allora succede che il dispositivo in se, per lo sviluppo delle concentrazioni per la vita eterna - PRK-1U - non rappresenta un fattore di influenza sulla coscienza, ma al contrario esiste nella struttura del Mondo, come oggetto che realizza per tutti gli esseri viventi la vita eterna. Per questo l'interazione con la coscienza di fatto avviene così: noi possiamo vedere il Mondo che si sviluppa verso la struttura del dispositivo e durante questo la coscienza, osservando il dispositivo dal suo interno, ricevendo l'informazione della sua azione verso l'ambiente , per via del ricevimento di questa informazione, semplicemente si sviluppa grazie ad una certa esperienza, come avviene per una qualsiasi esperienza che si ha, e

© Грабовой Г.П., 2015-2017

ovviamente in tutti i casi in cui noi riceviamo conoscenza dall'informazione visualizzabile oppure sonora, e così via.

In questo caso, semplicemente avviene *l'osservazione* di questo processo per via della chiaroveggenza pilotante, per via della vista dell'Anima, dello spirito e per via della conciliazione con determinati elementi analitici della personalità, proprio dove avviene quella selezione delle decisioni, proprio dove si inserisce l'obiettivo di ottimizzazione.

Per questo dal punto di vista dell'assicurazione della vita eterna, bisogna sempre risolvere l'obiettivo sistematico, per cui l'interazione con qualsiasi oggetto di realtà del Mondo esterno, oppure del Mondo interno, o addirittura della struttura interna, per esempio la coscienza, lo spirito e l'Anima, della materia fisica dell'uomo, e in generale di qualsiasi essere vivente, queste interazioni devono avvenire assicurando in ogni punto la vita eterna. Per esempio Dio creando il Mondo ovviamente ha determinato tali campi dove questi elementi esistono, ed ecco il raggiungimento di questi elementi da parte dell'azione della coscienza, insieme all'osservazione dell'azione dell'apparecchio, il ricevimento attraverso la coscienza di queste conoscenze: voi ricevete lo sviluppo proprio per via di queste conoscenze. In questo modo una cosa come un'influenza ovviamente non avviene, perché si può studiare , osservando qualche oggetto dell'informazione che è indirizzata in questo caso all'assicurazione della vita eterna.

Ed ecco quando voi osservate le funzioni del dispositivo per lo sviluppo delle concentrazioni, sui sistemi ottici superiori, che sono in forma di lenti sull'apparecchio, voi potete cambiare, sia l'attività della concentrazione, che il suo scopo, e qui si vede che in presenza di uno scopo generico da realizzare "Vita eterna a tutti" possiamo osservare che tale movimento è un pilotaggio e che, in presenza di accesso, già a livello di chiaroveggenza pilotante, nella struttura interna dell'apparecchio, si possono osservare alcune combinazioni di strutture di macro pilotaggio e strutture di qualche microprocesso.

Guardando queste strutture si può vedere che mentre guardiamo gli elementi della realtà esterna, troviamo un tale principio di pilotaggio, che ogni elemento della realtà all'interno di ogni sua parte, ha un principio analogo di sviluppo dell'informazione per assicurare la vita eterna. Cioè se prendiamo due segmenti del corpo, o due cellule vicine dell'organismo, osserviamo lo stesso tipo di interazione, in cui l'elemento che è comparabile con la coscienza dell'uomo, una cellula riceve l'informazione da un'altra cellula, e

© Грабовой Г.П., 2015-2017

all'interno del sistema come ho detto, in ogni parte o dove, Dio ha inserito proprio la struttura per l'assicurazione della vita eterna.

Allora proprio su questa struttura avvengono paritari, precisi elementi sincronici, indirizzati in modo sincronico all'azione, per lo stesso scopo dell'assicurazione della vita eterna.

Per questo quando lavoriamo per il futuro, noi controlliamo la correttezza di questo flusso di informazione specifica, cioè creiamo un certo movimento direzionato, e quindi proprio il dispositivo per lo sviluppo delle concentrazioni per la vita eterna che indica il - PRK-1U - Se riceviamo da esso proprio questo tipo di conoscenza per via dell'osservazione dell'azione dell'apparecchio, che indica la direzione, voi osservate in questo caso, la struttura della vita eterna, e voi potete determinarla per voi.

Con questo, considerando che la funzione di questo apparecchio, proprio come in un dispositivo, è abbastanza concreta, limitata proprio dalla struttura funzionale del lavoro del dispositivo, allora la vostra coscienza per via di questo, riceve una determinata costante che è concentrata nel dispositivo, che già permette sul punto di appoggio di questa costante, di sviluppare un'altra struttura di pensiero. Con questo voi assicurate la vita eterna, proprio per via delle **struttura aggiuntive**, che assicurano a livello di sistemi fissi la vita eterna. Cioè, in questo caso c'è l'aiuto ad un certo livello di **oggettivazione**, ecco dove si trova il **sistema ottico della vita eterna**, e per via di questo, se guardiamo il lavoro del dispositivo come un certo diapason, dove sono inserite precise coordinate già nella materia della vita eterna, allora la vostra coscienza, lavorando con il dispositivo, comincia a percepire uno specifico sistema ottico che è fissato proprio nell'assicurazione della vita eterna. Allora comincia a vedersi la generazione, una certa elaborazione della materia della vita eterna, che di fatto è quella, come ho già detto, che Dio ha introdotto in ogni elemento dello spazio, quella struttura dove c'è la vita eterna. La connessione con questo elemento dà proprio la vita eterna nel senso assoluto, cioè indipendentemente da qualsiasi condizione del Mondo, indipendentemente da qualsiasi struttura di sviluppo di qualunque processo.

Se ragioniamo in questo modo, è chiaro che tutto ciò è veramente così.

Perché Dio, che ha creato il Mondo indipendentemente dallo sviluppo del Mondo, e da qualsiasi sviluppo di conoscenza, ha creato un Mondo stabile, per il tempo eterno

© Грабовой Г.П., 2015-2017

e il Mondo eterno, succede allora che il suo auto sviluppo era già inserito da Dio nella struttura di auto rigenerazione. A livello di chiaroveggenza pilotante o di previsione pilotante, questo è semplice da capire, per esempio guardate negli eventi futuri, e con questo già sapete quali eventi succedono nel futuro, così potete fare il pilotaggio sull'assicurazione della vita eterna quando guardate questi eventi; di conseguenza avviene che voi, anche se avvengono degli eventi di conoscenza, o per esempio di qualche conoscenza aggiuntiva, voi già conoscete questi eventi futuri che contengono la struttura di conoscenza, compresa la coscienza collettiva.

Voi perciò percepite le conoscenze, e in questo caso, già semplicemente in forma di **concrete azioni fisiche** nella realtà. Bisogna capire che questa non è una semplice osservazione, voi passate anche attraverso la fase della coscienza collettiva, per questo l'osservazione del futuro ed il pilotaggio dei processi futuri , non è una semplice osservazione, come può avvenire per la vista fisica per esempio, ma questa è contemporaneamente, osservazione e apprendimento di determinate conoscenze.

Cioè Dio, per via del prolungamento della costruzione del Mondo nel futuro, si è costruito un metodo di cognizione che a volte non richiede un duraturo tempo di studio, ma è fatto in modo tale che, guardando nel futuro e vedendo il futuro, Dio di fatto riceve tutte le conoscenze precedenti contemporaneamente.

Se guardate nella Sua azione tecnologica, si può vedere che questo accumulo dell'informazione, avviene proprio attorno a quei punti che assicurano la vita eterna, perché Dio da sempre è eterno in senso assoluto, è autosufficiente nella vita eterna, e il Suo obiettivo è soprattutto insegnare ad altri viventi a vivere altrettanto eternamente, con questo Dio, iniziando per esempio dall'uomo, assicura prima in determinati punti del Mondo infinito questo processo della vita eterna, però il Mondo, nella sua integrità può essere eterno se in qualsiasi punto è eterno, e questa sarà un'assoluta stabilità del processo.

Per questo l'obiettivo della trasmissione delle conoscenze non è un obiettivo locale, per qualche sistema planetario o galattico, ma riguarda il Mondo intero, e proprio i dispositivi per lo sviluppo della concentrazione come il - PRK-1U - in cui la concentrazione sviluppa la vita eterna, questi possono essere dei determinati comminatori nel futuro, che garantiscono l'interazione con dispositivi simili nei sistemi galattici remoti. Con questo, se il primo contatto a livello di radio-onde fra diversi oggetti, può avvenire sulla linea più razionale, nel senso che se il livello di contatto è sconosciuto,

© Грабовой Г.П., 2015-2017

è più facile farlo attraverso il sistema dei dispositivi. Per esempio, facciamo questo paragone. appare una nave che che non ha segni identificativi, però ha un radiotrasmettitore, allora con questa nave si può instaurare un collegamento o una connessione, e capire le intenzioni dei passeggeri di questa nave, e la stessa cosa permettono questi dispositivi, proprio a livello d'assicurazione dell'eternità. Per prima cosa bisogna stabilire subito che da qualche parte c'è un simile dispositivo ed è indirizzato verso di noi, e creare quindi una comunicazione preliminare per chiarire l'intenzione dell'altro sistema.

Per questo è importante, lavorando con queste tecnologie, capire che il Mondo nella sua interezza, che ha creato Dio, necessita di determinate azioni logiche, sistemiche e fisiche, e necessita anche dell'azione dello sviluppo della coscienza, dell'Anima e dello spirito, e allora per via dell'attiva accumulazione di queste azioni indirizzate alla vita eterna per tutti, si può confermare univocamente, che sì, il Mondo sarà eterno perché tutti contemporaneamente e sincronicamente - ognuno lo può fare a modo suo, ma la sincronicità è nell'obbiettivo, nella sincronizzazione e nella realizzazione di questo obiettivo della vita eterna - tutti agiscono in un'unica direzione che è comune.

© Грабовой Г.П., 2015-2017

Quando questo avviene, la fase della coscienza collettiva, tutta la fase inerente all'azione di tutti i viventi, va a finire proprio in quel centro, in quel punto in cui il Mondo è stato creato al principio, cioè si può definire come: le coordinate della creazione del Mondo, del luogo della creazione primaria, il così detto fattore primario della materia, per via dell'unificazione delle azioni di tutti i viventi, nella struttura di assicurazione della vita eterna.

Evidentemente in questo caso si parla della resurrezione universale, e con questo l'assicurazione della vita eterna, si concentra sul fatto, che l'uomo in assoluto libero arbitrio, come un altro essere vivente, può agire in modo tale che comincia a vedere il Mondo come una realtà che deriva dal suo intento, l'armonia aumenta a tal punto, che l'interazione tra l'uomo e il Mondo interno ed esterno, appare in una determinata fusione, una certa armonia e una certa bellezza.

Per esempio guardando un quadro che vi è piaciuto per la sua bellezza, siete in uno stato di incantamento, una concentrazione interiore sulla bellezza, sul flusso informativo all'interno del quadro, e allo stesso modo voi potete guardare il Mondo esterno, cioè un determinato Mondo di assoluta armonia, oppure questo può avvenire durante l'ascolto di una musica che vi piace, e tutto questo può avvenire a qualsiasi

© Грабовой Г.П., 2015-2017

altro livello della realizzazione della personalità, non solo nei casi che io ho menzionato.

Allora *l'uomo capisce il Mondo come se fluisse dalla sua Anima*, quella armonia delle Anime degli uomini, quando l'Anima di ogni uomo armonicamente trasforma il Mondo, e lo crea eterno, proprio al livello di una determinata gioia derivante dal Mondo, dal godimento di una determinata esistenza del Mondo, così come inizialmente ha goduto Dio. Si può immaginare che Lui, avendo creato il Mondo, ha avuto un determinato sentimento simile al godimento umano, oppure che si può paragonare alla soddisfazione del risultato del lavoro. Lui ovviamente ha conservato questa primaria struttura di percezione di godimento del Mondo da lui creato, ed ecco, quando noi cerchiamo di percepire allo stesso modo il Mondo, ovviamente non abbiamo nessun problema sul piano dello stato interiore, e sempre è presente un obiettivo molto lucido, molto netto, la realizzazione su ogni livello e ogni azione di questo obiettivo dell'assicurazione della vita eterna, e sentiamo uno stato di un certo confort.

Io ho fatto caso che vi sono molti esempi, in cui già dall'inizio del lavoro con le tecnologie dell'insegnamento per l'assicurazione della vita eterna, molte persone si stabilizzano subito nel senso dell'obbiettivo, della percezione, le persone diventano più tranquille, più sicure, a volte completamente sicure, per altro subito, dal momento dell'inizio dello studio, diventano molto sicure, che si può, e anche molto velocemente, assicurare la vita eterna a partire dal momento presente. Questo fa piacere, perché lavorando con le tecnologie per l'assicurazione della vita eterna, che solo adesso hanno cominciato a uscire nel Mondo - per esempio - proprio con il dispositivo da me creato - PRK- 1U - io non ho riscontrato una simile informazione nel Mondo, e quindi siamo in presenza di una certa novità. Questa è una tecnica che è indirizzata all'assicurazione della vita eterna per tutti e per questo è anche una struttura molto positiva.

E avere proprio una certa sicurezza interna, significa una determinata struttura di tali azioni positive pianificate, che sono indirizzate verso l'eternità per tutti, nelle strutture della vita infinita nei corpi fisici.

Questa direzione è molto importante nel senso che nelle funzioni dell'apparecchio, si inserisce ogni successiva struttura di sviluppo, e più sarà positivo lo sviluppo, più potente si può rendere il dispositivo, ecco quindi, considerando che esiste una determinata legge di costruzione di tali sistemi tecnici che assicurano la vita eterna, è molto utile ascoltare le lezioni che io tengo, che riguardano proprio

© Грабовой Г.П., 2015-2017

la realizzazione con l'aiuto dei sistemi di dispositivi della vita eterna.

E' ovvio che è sempre utile avere sistemi aggiuntivi che assicurano la vita eterna, come ho detto, nei sistemi funzionali del dispositivo, è previsto che dopo un po' di tempo nel futuro, bisognerà imparare a lavorare senza dispositivi, ma essendoci la possibilità di studiare più velocemente con l'aiuto del dispositivo, è conveniente utilizzare l'apparecchio.

Quindi si può imparare un qualche pilotaggio esterno, studiando la struttura del Mondo attraverso la cognizione, l'elaborazione, si può guardare il Mondo e cercare di capirlo. Ma si può anche prendere un libro e comprendere tutto più velocemente, cioè l'economia del tempo.

La stessa cosa - l'apparecchio ha simili strutture di definizione degli obiettivi; voi potete fare tutto molto più velocemente, e questa esperienza non diminuirà i vostri personali obiettivi della libera elaborazione del Mondo.

Ecco, quando Dio ha creato il Mondo, ha inserito questa specifica "dell'interazione dell'informazione" ovvero, ricevere con completa libertà, quello che più volete, quello che vi è più necessario, e osservando l'interazione attraverso le concentrazioni con la - PRK-1U - sul sistema ottico superiore, dove sono le lenti sulla superficie dell'apparecchio, si può già guardare nella versione modificata, che quando concentrate l'attenzione sulle cifre che si trovano vicino alle lenti, voi passate in una determinata *struttura della coscienza collettiva*, dove sono concentrate tutte le conoscenze in forma di specifici sistemi grafici - testi per esempio, sistemi di cifre - e guardando le cifre, come per esempio, blocchi informativi che contengono sia testi verbali sia blocchi di eventi, si può attraverso le cifre - avendo la struttura informativa di proiezione attraverso la cifra - lavorare con grossi volumi informativi.

Cioè per esempio, voi dovete migliorare qualcosa in una casa concreta, voi potete considerare che l'informazione corrispondente alla casa è segnata con la cifra 1 - e se vicino c'è qualche altra informazione, per esempio un'altra casa segnata con la cifra 2 - e così via.

vicino può esserci un uomo che compie qualche azione, si può considerare per esempio il numero 8 - e allora avviene che lavorando con i volumi, voi semplicemente vedete questa informazione, ma avete qualche indicazione proiettiva in forma di cifra.

© Грабовой Г.П., 2015-2017

Per questo quando voi lavorate in questo modo, potete vedere lo stesso principio di Dio, che lavorando con l'intero Mondo, Lui aveva una qualche componente proiettiva, Lui poteva percepire l'informazione a livello di veloce valutazione - è chiaro, la coscienza di Dio è talmente sviluppata che Lui percepisce comtemporaneamente, in modo assolutamente chiaro e preciso, però Lui, può anche percepire nella fase valutativa e proiettiva, perché può compiere qualsiasi azione.

La questione è: cosa serve tutto questo a Dio? La risposta è semplice: Lui vuole insegnare alle persone e a tutti gli esseri a capire le leggi del creato, e per questo Lui ha bisogno di studiare con molta attenzione lo sviluppo della comunità umana, nel modo in cui farebbero gli uomini, e quando noi guardiamo l'interazione tra la tecnica e gli uomini, possiamo vedere se questa, che noi osserviamo a livello dello sviluppo infinito, nella società moderna, è già molto attuale il compito di prevenzione delle catastrofi tecnogene, e l'accumulo della tecnica può provocare ancora maggiore problema in prospettiva.

Per questo dei dispositivi tecnici come il - PRK-1U - che assicurano la vita eterna, ovviamente possono essere utilizzati per lo sviluppo dei sistemi diagnostici dell'uomo, in

© Грабовой Г.П., 2015-2017

cui si può sviluppare la chiaroveggenza pilotante, previsione pilotante, subito al punto necessario, per garantire la vita eterna in ogni momento temporale.

Cioè, sapere velocemente ed attivamente concentrare l'informazione, facendo in modo che questa informazione sia distribuita tempestivamente per assicurare la vita eterna - questo è un comune obiettivo che Dio realizza in ogni attimo, perché da un lato questo obiettivo Lui lo ha risolto, nel senso che lui può tutto e ha creato il Mondo. Ovviamente, dal punto di vista della logica di sviluppo temporale, di sviluppo di causa-effetto, Lui decide in un modo determinato a livello delle leggi funzionali del Mondo.

Ecco, guardando questo principio che Dio, che ha creato il Mondo, prima di tutto si orienta sulla Sua propria personalità, dalla quale questo Mondo è stato creato, e osserviamo che la personalità che ha creato il Mondo, ovviamente ha inserito in altre strutture l'immagine e la somiglianza, perché è più semplice creare una struttura di livello simile, invece di creare altro, perché un sistema simile è più stabile.

E' ovvio che *la somiglianza dell'uomo a Dio*, è uno degli obiettivi dell'assicurazione del Mondo nell'eterno sviluppo, nella vita eterna. Peraltro nella vita eterna di ogni essere

© Грабовой Г.П., 2015-2017

fisico, nel proprio corpo fisico - con questo la somiglianza si caratterizza anche per il fatto che qui è inserito un determinato principio di ottimizzazione: quando Dio, fra tante quantità di decisioni, sceglie una qualche decisione, Lui di fatto (se possiamo vedere una variante simile di come fa l'uomo, utilizzando la chiaroveggenza pilotante) guarda la costruzione futura da qualche momento del tempo presente.

Bisogna però capire - anche se questo suona in modo insolito - che nel futuro Dio è anche presente, e quindi Lui contemporaneamente guarda a se stesso, in un certo senso, alla Sua propria azione, è utilizzando questo principio si può vedere come lavorare con il dispositivo da me creato per lo sviluppo delle concentrazioni per la vita eterna - PRK-1U - nella posizione propria - dell'osservazione del segnale - di questo dispositivo. Cioè - ecco la linea ottica che va nel futuro è sempre indirizzata all'assicurazione della vita eterna, per questo l'uomo può fare quello che fa Dio, per via della propria coscienza, in un determinato grado, per via di questo tipo di dispositivi tecnici, che danno questa linea ottica - un determinato vettore indirizzato all'assicurazione della vita eterna.

E' chiaro allora, che l'uomo dal tempo presente, per esempio utilizzando la previsione pilotante, e guardando

© Грабовой Г.П., 2015-2017

quindi nel futuro, guarda a questo vettore come a un faro dell'informazione diretta verso l'infinito futuro proveniente dal dispositivo.

Siccome questa informazione è assolutamente univoca, per l'assicurazione della vita eterna, attraverso la concentrazione per la vita eterna, ecco che qui c'è una determinata priorità, che amplifica la velocità di sviluppo, peraltro la velocità di sviluppo si amplifica non semplicemente per qualche informazione cognitiva, ma perché voi cominciate a guardare da qualche parte gli eventi che si concentrano vicino a questo raggio ottico che proviene dall'apparecchio.

Inoltre questo raggio di luce ha proprio questo aspetto, è proprio come una linea di color bianco diretta nel futuro, nell'infinito e se guardiamo in direzione di questa linea, si vede che il raggio si muove vicino a quegli eventi più ottimali, per l'assicurazione della vita eterna, cio è il principio di ottimizzazione, e voi potete, guardando lo spazio in mezzo alle lenti, evidenziare questo settore, questa linea, e anzi voi potete anche trasformare questa linea, indirizzandola verso quegli eventi che ne hanno più necessità.

Esiste per questo ancora un determinato metodo di interazione con il dispositivo, quando voi indirizzate questa linea di luce, che in modo diretto purifica anche l'informazione, indica con questa luce dove è ottimale agire,

© Грабовой Г.П., 2015-2017

e molti si accorgono durante il lavoro con il dispositivo, che le concentrazioni si amplificano molto velocemente, a volte cominciano a svilupparsi come da se, ma in sostanza, come la luce semplicemente illumina lo spazio, voi semplicemente cominciate a vedere questi eventi che assicurano la vita eterna.

Per questo bisogna capire che ogni sistema tecnico, richiede un controllo, bisogna fare qualche interazione, guardare in generale il lavoro del dispositivo, e in modo analitico prendere le decisioni del pilotaggio, perché voi siete sempre liberi, nessun sistema tecnico non può mai limitarvi nella presa di decisioni, ma un sistema come il - PRK-!U - può, in modo molto efficace, aiutarvi nell'ambito della vostra decisione.

Se continuiamo questa ricerca qui, possiamo vedere che questa specie di correttore, questo raggio che si proietta proprio negli eventi più ottimali per l'assicurazione della vita eterna, è quello che Dio fa autonomamente, e in questo caso, l'uomo in un primo tempo sostituisce questa azione con il dispositivo, mentre nel futuro l'uscita da questo livello di utilizzo dell'apparecchio, deve avvenire, come farebbe Dio, creando una struttura nel futuro che per esempio, in un determinato senso, gli sarebbe di aiuto. Siccome Dio fa tutto da solo dappertutto, allora il concetto di aiuto consiste nella co-azione, nell'interazione per esempio tra Dio e l'uomo - è ovvio che comparare direttamente questo approccio che Dio, che ha creato l'uomo, reagisce in un determinato modo quando l'uomo crea la tecnica, è un approccio che non si compara direttamente, ma esistono delle valutazioni logiche di questa azione.

Dio, ha creato l'uomo per via dell'azione della propria Anima, ecco perché l'azione dell'Anima nella creazione dell'apparecchio, si compara nel senso dell'incremento creativo - per esempio un maggiore utilizzo della chiaroveggenza pilotante, della previsione pilotante e così via, e di altre strutture della personalità, incluso dove voi semplicemente mobilitate sistemi pilotanti perché essi funzionino in modo più costruttivo, il che è necessario per l'assicurazione della vita eterna.

Per esempio in virtù della mia professione, ricevuta all'università, attraverso calcoli di ricerca fisico-matematica, si può portare una determinata struttura di oggettivazione fino alla generale comune comprensione, nel senso dell'utilizzo dell'apparato universale matematico per esempio, e avviene che il sistema sia abbastanza chiaro. Per esempio, per il fatto che esistono i brevetti che rispecchiano la sostanza dell'apparecchio -PRK-1U - questi sono il primo

© Грабовой Г.П., 2015-2017

"metodo della previsione delle catastrofi e dispositivo per la sua realizzazione" e il secondo *"sistema della trasmissione dell'informazione"*, allo stesso modo vengono registrati successivi brevetti - in riferimento a questi si può, guardando proprio il processo di tutte le richieste - con ogni modificazione, con ogni nuovo parametro di richiesta dell'invenzione, si può vedere che in ogni richiesta esiste una determinata differenza dalle precedenti unità, anche se tutto questo in realtà è legato al tipo di brevetto, ad esempio dove c'è un metodo, tale metodo include tutto quello che riguarda quel metodo.

Nel metodo che è inserito nel mio brevetto *"metodo della previsione delle catastrofi e dispositivo per la sua realizzazione"* - dove viene generato il bio-segnale segnale, e che per via di questo si amplifica la forza del pilotaggio - tale metodo è trasferito nella costruzione dell'apparecchio per lo sviluppo delle concentrazioni - PRK-1U - avviene che per questo, questo metodo è semplicemente una sottoclasse di questo più ampio brevetto.

Perché io guardo dettagliatamente le strutture che sono riferite ai brevetti? Perché quando voi lavorate con i dispositivi tecnici, dovete percepire anche la classificazione di questi dispositivi, guardando questo processo in modo tale che se la classificazione è legata a qualche classe più ampia, voi state guardando una sottoclasse dell'apparecchio, allora certi sistemi strutturali ideologici, sono inseriti nella classe superiore dell'aggregato, cioè in un più ampio campo informativo, essi sono fondamentali, e in questo senso bisogna considerarlo.

Siccome nel brevetto" metodo *della previsione delle catastrofi e dispositivo per la sua realizzazione*" sono osservati gli obiettivi, e proprio il livello tecnologico di prevenzione delle catastrofi, allora è chiaro che quello può essere esteso su qualsiasi livello, di fatto se si amplifica la potenza si può fare in modo che non ci sia nessuna catastrofe a livello cellulare, cioè, anche questo è uno dei principi dell'assicurazione della vita eterna.

Quando osserviamo lo sviluppo delle concentrazioni per la vita eterna con l'aiuto del dispositivo - PRK-!U - si può vedere che qui il livello tecnologico è realizzato anche nel metodo stesso, però si può vedere costruttivamente che le concentrazioni in se, possono avere proprio la natura di sviluppo dell'uomo concreto e di qualsiasi essere vivente, utilizzando un determinato livello dell'azione passiva, quindi semplicemente la visualizzazione del dispositivo senza sistemi metodologici, oppure trovandosi vicino al dispositivo.

© Грабовой Г.П., 2015-2017

E anche se si vede l'immagine del dispositivo, questo è sempre un determinato livello di informazione, lo stesso di quando voi guardate qualsiasi altro oggetto d'informazione. Voi riceverete sempre una specifica informazione che riguarda quella o un'altra azione, e a grandi linee potete consapevolizzare il sistema.

Quindi se si mostra l'immagine dell'apparecchio, anche quando è spento, questo ha un effetto su qualche altro sistema, su altri esseri viventi, si può mostrarlo per esempio in casa ai cani o ai gatti, e si possono avere determinati sostanziali effetti, riguardo allo sviluppo dei meccanismi della vita eterna in loro.

L'obbiettivo è comune - è chiaro che bisogna insegnare a tutti - allora realizzando questo compito, si può vedere in che modo, nel loro comportamento avvengono determinati cambiamenti, e si vede che sono indirizzati proprio verso l'assicurazione della vita eterna.

Quando voi guardate il sistema della realtà in modo tale, da vedere praticamente tutte le connessioni della realtà in un unico punto, allora proprio nel futuro, quando tanti sistemi tecnici verranno unificati sotto un comune energo-livello, cioè la generazione spesso può avvenire su di un livello per molti sistemi tecnici - e guardando nel futuro in questo senso, si può vedere che questi sistemi devono avere anche il livello del piano autonomo di fornitura energetica, fatto di azione.

Ecco, se guardiamo il dispositivo di sviluppo delle concentrazioni per la vita eterna - PRK-1U - nel caso in cui la fornitura si sia abbassata, o il campo elettromagnetico per qualche motivo diminuisce, allora esiste una struttura molto stabile a livello di sviluppo eterno, che si trova in mezzo ai blocchi ottici interni ed esterni, ecco che se il pensiero comincia a manifestarsi in modo intenso, tra i blocchi interni ed esterni, si può notare che la funzionalità del dispositivo, in un determinato modo, per il raggiungimento dello scopo della vita eterna, o per il raggiungimento di qualche livello al momento necessario per assicurare la vita eterna, avviene per il fatto che voi accentuate il vostro pensiero.

Voi avendo lo status di eterno sviluppo, eterno livello di sviluppo della vita eterna, quando avete imparato che il vostro pensiero è generatore di energia per questo dispositivo, che assicura la vita eterna attraverso lo sviluppo delle concentrazioni, allora possiamo guardare un nuovo tipo di ideologia di creazione della tecnica, dove la fonte di energia può essere non solo di energia esterna, tipo energia elettrica, ma può anche essere la vostra propria coscienza, il

© Грабовой Г.П., 2015-2017

vostro spirito, l'azione della vostra Anima, l'irradiazione ottica del vostro corpo fisico.

Quando voi raggiungete il livello che proprio l'irragiamento ottico dei corpi, cioè il riflesso di luce dal corpo fisico rappresenta anche una fonte di energia, e allora succede che appena voi chiudete questo ciclo, cioè questo obiettivo di pilotaggio, e ricevete l'impulso di eternità dal dispositivo - mentre a livello primario del fondamento primario siete stati voi, come ho detto, oppure la luce della vostra coscienza, spirito o Anima, oppure semplicemente l'irraggiamento ottico del corpo - allora nella sua interezza, il Mondo arriva in questa azione locale in quello che voi vedete, cioè che voi avete un sistema eterno autonomo. Ecco che questo dispositivo per lo sviluppo delle concentrazioni per la vita eterna - PRK-1U - risolve anche questo obiettivo di perfezionamento della vostra coscienza, attraverso un determinato traino, nel quale per via dell'irradiazione della coscienza, voi ricevete funzioni aggiuntive nel lavoro del dispositivo.

Per questo, studiando profondamente il lavoro di questi dispositivi - (per ora io realizzo questo dispositivo PRK-1U) - si può essere sicuri che qualsiasi sistema tecnico costruito

© Грабовой Г.П., 2015-2017

su questo principio, è prima di tutto assolutamente innocuo, perché dipende dalla vostra coscienza.

Nel brevetto "Metodo della previsione delle catastrofi e dispositivo per la sua neutralizzazione", nel brevetto "Sistema della trasmissione dell'informazione" e negli obiettivi che riguardano il - PRK-1U - lì e dappertutto è proprio presente la struttura di generazione del biosegnale da parte dell'uomo, cioè, l'uomo è il livello pilotante, e reagendo a questo fatto, il sistema di dispositivi esegue certi obiettivi strutturali per lo scopo.

In riferimento a questo, e basandoci su questo, che la struttura stessa è quel livello di sviluppo, è quel livello di azione che assicura la vita eterna all'eternità strutturale, allora si può vedere che quando con azioni comuni, per via di azioni collegiali noi in questo modo perfezioniamo la tecnica, allora la tecnica diventa talmente sviluppata - se a maggior ragione lo facciamo per un tempo infinito - che essa reagisce con l'uomo proprio al livello della vita eterna.

L'eterno sviluppo della tecnica ha pure una sequenza di obiettivi, in quanto il perfezionamento di materiali può portare - e sta già portando - a strutture che spesso in base all'analisi e all'elaborazione dell'informazione, sono

© Грабовой Г.П., 2015-2017

comparabili con quello che fa l'uomo, per esempio nel raziocinio logico e così via.

Quindi la cibernetizzazione dei sistemi nel futuro è un obiettivo della società, per automatizzare tanti processi, però nel contesto dello sviluppo infinito appare uno specifico obiettivo di pilotaggio, e questo obiettivo si può risolvere nel modo che ecco la tecnica reagisca proprio sull'Anima dell'uomo, sulla sua coscienza, sulla irradiazione del suo corpo fisico, sul suo spirito, insomma sulla sua personalità.

Ed ecco che quando tali sistemi tecnici ci saranno, allora indipendentemente da in quanto tempo la società si sviluppi nel suo infinito sviluppo - che possono essere miliardi e miliardi di anni - tali sistemi in un loro successivo perfezionamento non sono mai nocivi per l'uomo.

Ecco che da questo punto di vista, lo sviluppo di questi dispositivi, che siano simili al dispositivo per lo sviluppo delle concentrazioni per la vita eterna - PRK-1U - uno dei fondamentali obiettivi dell'umanità nel futuro è che si devono creare dei dispositivi tecnici che non possono danneggiare, ne il corpo fisico, ne influenzare il libero arbitrio.

Proprio per questo, nella lezione di oggi io ho esposto in modo più esplicitino e dettagliato, che proprio il principio di *ricevimento* di conoscenze, come nel caso comune delle libere conoscenze è inserito nella funzionalità del dispositivo per lo sviluppo delle concentrazioni - PRK-1U - e dal punto di vista dell'assicurazione della vita eterna, si può vedere che questo principio non influenza in peggio nessuna personalità, in quanto le conoscenze sono libere.

E molti vedono nel futuro utilizzando la previsione pilotante insieme alla chiaroveggenza pilotante, e tali determinati quadri del futuro che vengono visti come una realtà, perché questa è effettivamente una visione dei futuri processi del Mondo, le situazioni più limpide e più benevole, e dato che loro spesso vedono queste situazioni migliorative - proprio perché la previsione pilotante realizza subito un miglioramento - allora si può vedere che nei progetti di pilotaggio si inserisce il periodo della visione istantanea, cioè, si pilota il futuro e subito si vede. E una caratteristica importante dell'interazione con l'apparecchio è saper guardare e contemporaneamente decidere, cioè il tempo tra la visione dell'informazione e la decisione corretta non dovrebbe esserci, di fatto, a volte questo avviene in tempo reale.

© Грабовой Г.П., 2015-2017

Quando Dio creando il Mondo, spesso Lui non poteva - è chiaro dal punto di vista della logica umana - avere il tempo di ragionare, si può dire che non aveva il tempo, cioè il Mondo è stato creato come se fosse apparso subito, dal punto di vista dell'impulso primario di Dio, con questo però, se guardiamo tecnologicamente, questa allora è una tecnologia molto elevata nel suo sviluppo tecnologico, dal punto di vista della logica umana.

E qui avviene che anche dal punto di vista della logica esterna, questa è effettivamente la tecnologia del più elevato sviluppo, se guardiamo la tecnologia di questo processo oppure ci poniamo la domanda - *In che modo si può, basandosi su qualche primario elemento all'improvviso creare?* - normalmente l'uomo crea qualcosa utilizzando certi piani, e poi certi elementi che realizzano questi piani, nel caso di Dio, Lui era in una situazione che nel momento dell'azione capiva e creava contemporaneamente, ed ecco questo passaggio tra la percezione e l'analisi di quello che succede, e poi l'utilizzo di questa analisi per un successivo elemento della creazione di qualcosa, Dio di fatto questo elemento non lo aveva - ma dal punto di vista dell'uomo nell'azione logica, quando c'è una qualche causa c'è una qualche conseguenza - allora si conviene che questa era semplicemente un'azione simultanea.

© Грабовой Г.П., 2015-2017

Per esempio nel mio brevetto" *Sistema di trasmissione dei dati*" il segnale che viene trasmesso da un luogo, contemporaneamente è presente in un altro, ecco il principio di azione quando si può avere una simultaneità, è evidente che Dio può essere contemporaneamente in tutto, ma dal punto di vista dell'azione umana questo tipo di simultaneità può essere auto-assicurata quando voi, utilizzando il dispositivo per lo sviluppo delle concentrazioni per la vita eterna, osservate questa concentrazione come una struttura dell'eternità, che è infinitamente estesa in tutto il Mondo, allora avviene che se è infinitamente estesa, le parti vicine hanno caratteristiche funzionali simili.

Potete immaginare che esiste un certo campo, una certa materia, che possiede un infinito sviluppo, prendiamo un qualche spazio locale e cominciamo a studiare questa materia, andando avanti su questa materia, centimetro per centimetro, oppure metro per metro noi vediamo: lì c'è un chilometro, allora andiamo avanti nella ricerca della coscienza di qualche proprietà di questa materia, e più ci allontaniamo più questa materia assume le proprietà dell'interazione con altri oggetti.

E quindi le caratteristiche primarie sono come una certa matrice, come un basamento che contiene tutti i sistemi di questi elementi, che è come se si proiettassero nel futuro a

© Грабовой Г.П., 2015-2017

livello di luce, a livello ottico, se guardiamo il livello ottico del Mondo.

Succedeva allora che Dio, avendo questa proiezione, ogni elemento che si creava, rispecchiava la luce, e Dio la vedeva ovviamente, perché la luce è creata sempre da Dio, ma la funzionalità del riflesso è tale che nell'azione consequenziale Dio introduce la libertà - impulso di libertà per l'azione - ed ecco che nel dispositivo per lo sviluppo delle concentrazioni per la vita eterna - PRK-1U - questa libertà si esprime nel modo che voi potete, nel momento di utilizzo del dispositivo, cambiare gli obiettivi, le azioni riguardo la decisione dei successivi obiettivi, cioè risolvere gli obiettivi consecutivamente, guardarli tutti, anche assieme, e contemporaneamente risolverli.

Per questo è importante nel lavoro con questo tipo di tecnica, capire per esempio come faceva Dio dal punto di vista di qualche azione locale, ecco, per esempio per Dio si trattava forse di qualche aggregato, non di qualche livello di azione sistematica, e tuttavia per Dio aveva importanza e ha importanza che la sistematicità in se sia determinata anche dalla vostra azione, dall'azione di tutti nel Mondo, da tutte le informazioni del Mondo, dall'azione di Dio - e con questo è sempre presente l'interazione in cui l'obiettivo determinato dal principio da Dio, quello dell'assicurazione della vita eterna per tutti, è l'obiettivo che si forma e si realizza.

Da qualche parte questa idea si realizza subito, da qualche parte in qualche struttura remota cosmica questa idea prima si forma e poi si realizza, e quando noi diciamo che da qualche parte si è già realizzata, per esempio in qualche struttura remota che ho menzionato, una qualche struttura dello spazio cosmico dove questo si è realizzato, da lì proviene la luce della conoscenza, e quindi altre strutture possono farlo più velocemente.

Ecco, sapendo che Dio sa tutto e tutto ha fatto, si può osservarlo e vedere in che modo Lui per esempio ha definito la struttura di tale dispositivo tecnico, che garantisce l'accelerazione dell'introduzione della vita eterna per tutti, e si può allora in modo più dettagliato guardare quali funzioni si possono ancora scoprire in questo dispositivo tecnico.

Per esempio nel dispositivo per lo sviluppo della concentrazione, durante i test, in molti, quando ricevono il segnale nella coscienza - oppure in generale, in un determinato livello di percezione, o nella percezione dello spirito - durante questo, cercano di analizzare qualche struttura di interazione a livello di sensazioni, spesso allora,

© Грабовой Г.П., 2015-2017

se indirizziamo il segnale in modo specifico - per esempio se prendiamo la materia della vita eterna fra le lenti, e la trasciniamo verso di noi portandola verso qualche punto, oppure se realizziamo il contatto attraverso la vita fisica - allora possiamo notare come cambia la struttura di sensazione.

Con questo, per esempio se un elemento di accesso aveva un effetto, ne abbiamo un altro. Qui è improntante vedere che lavorando autonomamente con il dispositivo per lo sviluppo delle concentrazioni per la vita eterna - PRK-1U - si può osservare un tale livello di interazione in cui voi potete, attraverso differenti azioni aggiuntive, sviluppare una propria determinata linea di interazione, in cui voi potete descrivere metodologicamente quale di queste linee per voi è più efficace.

Cioè cercare di avere accesso alla materia generata dalla vita eterna, che viene generata dall'apparecchio, a qualche parte del corpo, a volte questo è direttamente una qualche parte concreta, a volte attraverso il campo della spina dorsale, a volte attraverso il campo degli occhi, oppure ve la mettete semplicemente addosso e vedete come attraversa tutto il vostro corpo, possiamo trovare noi i punti dove esiste questo contatto con la materia eterna in modo più attivo.

© Грабовой Г.П., 2015-2017

Ovviamente con questo voi garantite la vita eterna in un modo già più sistematico, e questo potete estenderlo anche ad altri, trasmettendo loro questo segnale mentalmente, oppure coinvolgendoli nel lavoro con il dispositivo.

In riferimento a questo, penso che se osserviamo il processo di pilotaggio per l'assicurazione della vita eterna come sistema di ottimizzazione, allora qui si può fare una determinata selezione a livello di eventi, per esempio negli eventi futuri esiste qualche livello di azione più opportuna, voi questo lo capite però contemporaneamente o in modo parallelo, allora come dobbiamo guardare?

Per esempio Dio, ha fatto tantissimi processi contemporaneamente, un infinito numero di processi, in quanto il Mondo è infinito, e come abbiamo visto nella lezione di oggi, basandoci sul fatto che dall'impulso del livello interiore della personalità di Dio tutto è stato creato, allora l'orientamento al proprio Mondo interiore, alle proprie strutture interiori ideologiche per l'assicurazione della vita eterna, c'è la possibilità di prendere subito la decisione corretta: per esempio come quando utilizzate il dispositivo - PRK-1U - a che ora, che azione fisica bisogna fare, quali testi e metodiche leggere etc.

© Грабовой Г.П., 2015-2017

Ecco, siccome ora nella versione modificata del dispositivo, vicini alle lenti ci sono i numeri, si può per esempio prendere qualsiasi mio libro in cui siano presenti sequenze numeriche e semplicemente concentrarsi sulle lenti e sulle sequenze, questo metodo si applica al dispositivo in questo modo, e succede che con questa concentrazione voi amplificate l'obiettivo di pilotaggio che è inserito nelle frequenze stesse, peraltro in modo sostanziale. Per questo lavorando con le sequenze numeriche e utilizzando al contempo il dispositivo, potete notare che qui esiste un determinato principio di simultaneità di azione, cioè la sequenza numerica che dà l'obiettivo di pilotaggio, più la vostra azione primaria per l'obiettivo primario.

Allo stesso modo Dio, mosso dal proprio desiderio di creare il Mondo, poteva fare tutto il resto contemporaneamente, perché il desiderio centrale della creazione e dell'azione l'ha portato a creare questo Mondo meraviglioso.

Ecco la domanda - Cosa l'ha motivato a creare il Mondo? Come ha manifestato Lui stesso? Come si è manifestata la Sua primaria sostanza, e come ha pensato di creare questo Mondo eterno? - Ecco, appare la questione che il livello primario dove Dio ha iniziato ad autocrearsi, questo livello è sempre esistito, e Dio ha creato questo fuori dal tempo, subito al livello dell'eternità. Ed ecco lavorando con il dispositivo in questo modo esiste una determinata eternità, a livello di conoscenza intuitiva, ma con l'utilizzo della chiaroveggenza pilotante e previsione pilotante, questa diventa una conoscenza concreta, si può vedere come si può, in modo preciso **pensare con l'Anima**, con l'aiuto dell'azione dell'Anima, e questi pensieri precisi, si possono amplificare indirizzandoli attraverso il dispositivo, attraverso il blocco esterno, e allora si può guardare anche questo modello. siccome per Dio è tutto uguale dal punto di vista del tempo, allora questo pensiero *"Che bel Mondo perfetto"* lo stesso pensiero poteva esistere per Dio, sia in quel momento di tempo, sia nel futuro, cioè il pensiero del futuro, di fatto per Dio è lo stesso che nel momento primordiale, e allora il motivo, la causa motivante per la creazione del Mondo è stata la struttura consecutiva - quella per esempio che bisogna creare un meraviglioso Mondo eterno per tutti, dove tutti vivono eternamente - diventa chiaro così, che la causa motivante è stata questa futura informazione, ma dal punto di vista logico suona un po' insolito, ma come ho appena spiegato questo è corretto dal punto di vista delle cognizioni scientifiche, perché nella scienza i sistemi futuri dei segnali - per esempio quando si costruisce la struttura di pianificazione attraverso l'elaborazione statistica o di qualche previsione di

© Грабовой Г.П., 2015-2017

futuri processi, a livello scientifico - anche questi sono considerati i possibili processi futuri che cominciano a determinare il presente.

Di fatto, tutta la vita è costruita così, perché viene considerato il futuro con l'azione presente, Dio ha considerato il futuro del Mondo eterno e meraviglioso, dove tutte le persone vivono eternamente nei loro corpi fisici, e anche tutti gli esseri viventi, e un Mondo che esiste eternamente. Lui nel momento della creazione ha tenuto presente questo, cioè possiamo dire che come minimo, queste sono le cause motivanti in modo serio e oggettivo, che abbiamo studiato in questa lezione, e succede che quando guardiamo il processo di pilotaggio, dobbiamo guardarlo *fondamentalmente*, cioè guardare in che modo possiamo realizzare il pilotaggio basandoci sulla comprensione delle costruzioni fondamentali del Mondo, sentendole, cercando di capirle, vedendole a livello della vista spirituale, della vista dell'Anima - e questo è corretto, è altrettanto corretto come quando vediamo con la vista fisica vedendo attorno a noi il Mondo fisico, e noi capiamo che questo è veramente così, perché esistono gli oggetti statici, e qui la netta comprensione è che noi percepiamo correttamente la realtà, ma la stessa cosa dovrebbe essere in un determinato senso e livello dell'Anima, a livello di percezione interiore, o al livello di chiaroveggenza pilotante. Il dispositivo permette perciò, in forza di questi obiettivi per lo sviluppo delle concentrazioni per la vita eterna, di percepire questo livello, perché molte persone usando il dispositivo, cominciano a reagire in modo che tutto diventa più tranquillo, e vedono più nettamente gli eventi.

Questo livello fondamentale della comprensione, condizionato dal maggiore e totale controllo, e in generale dal totale controllo di tutte le situazioni, proprio quando noi cominciamo a realizzare la controllabilità, nel senso libero di questa parola, della situazione dell'eternità, cioè, semplicemente viviamo eternamente al livello naturale della vita eterna, della completa libertà di azione, garantendo con questo la vita eterna a se stessi e a tutti, allora lo studio del Mondo, del creato, dal punto di vista dell'approccio fondamentale, diventa il più desiderato e più necessario obiettivo, perché la vita eterna sia garantita a tutti, a livello fondamentale della cognizione del Mondo.

E in questo senso, lavorando con il dispositivo - PRK-1U - cercate di percepire il lavoro e in modo aggiuntivo di approfondire lo *studio del quadro fondamentale del Mondo*, il quale assicura la vita eterna.

© Грабовой Г.П., 2015-2017

Queste conoscenze si accumuleranno sempre più attivamente ed intensamente, e allora fra qualche tempo voi potrete, grazie anche ad un periodo di lavoro con l'apparecchio, assimilare le conoscenze anche con l'aiuto dei sistemi tecnici, ma l'apprendimento della coscienza che percepisce, cioè il tipo di apprendimento in cui da qualsiasi interazione con la tecnica, con qualsiasi sistema, il vostro spirito, Anima, coscienza, il vostro corpo, acquisiscono sempre un successivo livello della vita eterna proprio sulla sistematica obbligatoria assicurazione della vita eterna, ecco lavorando con questo metodo, voi assicurate la vita eterna per voi e per tutti, già utilizzando il dispositivo tecnologico, il che è importante in presenza dello sviluppo tecnogeno della società - un utilizzo dei sistemi tecnici per vivere eternamente.

Questo realmente assicura la vita eterna anche in presenza di qualsiasi tecnica, con questo io concludo la lezione di oggi. Adesso ci saranno alcuni minuti di intervallo e poi rispondo alle domande che sono arrivate dal precedente webinar.

****

© Грабовой Г.П., 2015-2017

RISPOSTE ALLE DOMANDE

- *Quale differenza c'è tra il dispositivo che viene utilizzato da una persona ed il dispositivo che viene utilizzato da otto persone?* -

La questione è che l'apparecchio per lo sviluppo delle concentrazioni per la vita eterna - PRK-1U - che oggi viene utilizzato, è costituito in modo tale che vi possono lavorare fino a 8 persone, e con questo la risorsa di potenza non viene diminuita nell'utilizzo nell'utilizzo, per esempio da 8 persone.

E proprio in un modo monotipico avviene l'accesso personale al pilotaggio, in quanto la caratteristica vibrazionale del raziocinio, a livello ottico, ognuno la ha differente per via della sua individualità, e allora succede che il lavoro avviene a livello indipendente, non incrociandosi con le strutture di pilotaggio o di pilotaggi contemporanei che svolgono altri utilizzatori dell'apparecchio, quindi si può inequivocabilmente confermare che si può utilizzare in condizioni assolutamente paritarie (*si sente un cane abbaiare*) adesso si vede che parlando del dispositivo il cane ha avuto questo tipo di reazione, ora io lo porto via in un'altra stanza, io penso e si vede, e così bisogna capire, che

© Грабовой Г.П., 2015-2017

l'apparecchio possono utilizzarlo anche i cani e i gatti, ed in generale tutti gli esseri viventi, e considerando la reazione attiva del cane che mi era vicino, che fino adesso durante la lezione era stato zitto, quando ho cominciato a parlare delle possibilità di utilizzo dell'apparecchio, ha cominciato ad esprimere il proprio desiderio di partecipare nel comune processo. Per questo io penso che solo con l'utilizzo collettivo del dispositivo si può cercare di condividere l'esperienza, si può con l'utilizzo anche di differenti dispositivi, condividere l'esperienza di utilizzo, allora il livello di questa conoscenza, sarà semplicemente una trasmissione di conoscenza.

- Aumenta lo sviluppo della concentrazione se si utilizzano contemporaneamente due o più dispositivi? -

Eh si, aumenta veramente, la velocità dello sviluppo della concentrazione aumenta in base ad un semplice principio ottico, e quando si utilizza un dispositivo la potenza di questo dispositivo è limitata dalle caratteristiche tecniche e allora succede che, come in qualsiasi altro aggregato tecnico, l'aumento della potenza, l'aumento delle risorse del dispositivo, porta sempre all'aumento della forza di altre caratteristiche consequenziali.

Per questo io penso che per quelli che vogliono fare, utilizzare due o più apparecchi - e queste richieste ci sono - loro lo possono fare ovviamente, bisogna semplicemente elaborare una struttura di contemporaneità d'azione, per esempio guardare contemporaneamente da due smartphone, se sono tre, guardare da tre smartphone - nel caso si voglia utilizzare l'immagine video - e in riferimento al fatto che è improntante lavorare attivamente anche con una o più immagini, come se voi lavoraste con il sistema più attivo per voi, allora si può scegliere lo stesso principio che è stato detto nella lezione di oggi, cioè indirizzare uno dei vettori nel pilotaggio, verso uno, due o più dispositivi, e l'altro vettore, quello che va verso il campo interno della coscienza, per quello semplicemente aumentarne la luce. Per via dell'uscita.

Per via dell'uscita dei sistemi di irradiazione su questi dispositivi, voi potete decidere su quale dispositivo in primo luogo concentrare l'attenzione, oppure se farlo contemporaneamente, cioè voi avrete un determinato livello che parte dal vostro Mondo interiore, dal Mondo del vostro indirizzo spirituale, e allora voi potete già abbracciare due, tre o più unità di dispositivi. Di fatto questo è importante dal punto di vista in generale dell'obiettivo per l'umanità, saper gestire i dispositivi nel futuro, sarà saper gestire un'enorme quantità di tecnica con singoli impulsi dell'Anima.

© Грабовой Г.П., 2015-2017

- L'utilizzo del - PRK-1U - permette di diminuire la tensione territoriale? -

E' ovvio, perché l'assicurazione della vita eterna presume uno sviluppo armonico e sistematico, dove ci sono le condizioni della vita eterna, quindi quando voi utilizzate l'apparecchio, potete più attivamente favorire l'abbassamento della tensione di qualsiasi tipo che non sia edificante, che non corrisponda all'obiettivo della vita eterna per tutti. Per questo, dal punto di vista dell'utilizzo del dispositivo, si può considerare che siccome lì c'è proprio l'obiettivo di conferma sistematica della vita eterna per tutti, in qualsiasi contesto del Mondo esterno ed interno, allora si possono applicare quelle concentrazioni che assicurano proprio l'armonia, l'assenza di tensione, in ogni segmento di informazione ovunque sia.

Con questo io termino le risposte alle domande, grazie per l'attenzione, al prossimo incontro. Vi auguro ogni bene e una felice eterna vita armonica.

****

© Грабовой Г.П., 2015-2017

INSEGNAMENTO DI GRIGORI GRABOVOI SU DIO -
REAZIONE DEI SISTEMI TECNICI AL
PILOTAGGIO DELLA COSCIENZA -

WEBINAR DEL 29 DICEMBRE 2016

Il tema del webinar di oggi è il mio "Insegnamento su Dio: reazione dei sistemi tecnici di pilotaggio della coscienza."

In questo tema vengono considerate diverse posizioni del sistema tecnico, in correlazione con il pilotaggio della coscienza. In questo caso la terminologia "pilotaggio della coscienza" presume che, *voi pilotiate la vostra stessa coscienza e contemporaneamente o consecutivamente, pilotiate attraverso la coscienza un qualche sistema tecnico.*

In questo studio si presuppongono diversi livelli di "sistema tecnico" dispositivi, oggetti tecnici, sistemi tecnici che vengono attualmente realizzati. Nel pilotaggio l'azione avviene in modo che il sistema tecnico, reagendo alla vostra coscienza, lo fa nei modi seguenti: voi vedete nel pilotaggio in che modo agisce il sistema tecnico, e la tecnica altrettanto reagisce a questa vostra osservazione. Il sistema tecnico per

 © Грабовой Г.П., 2015-2017

auto-svilupparsi, ad un certo punto raggiunge un certo livello di interazione con la coscienza dell'uomo o con la coscienza di Dio. Con questo, quando viene considerata l'interazione con la coscienza di Dio, lo sviluppo del sistema tecnico avviene a livello frammentario-ininterotto, perché per Dio il processo della creazione di un qualche sistema tecnico, viene visto in modo simile a come l'uomo può percepire la struttura ondulatoria o corpuscolare del Mondo, dove per esempio la luce può essere vista sia come struttura di micro-elemento e contemporaneamente come onda. Se trasferiamo questo principio di dualità nella visione di Dio, in base a come si sviluppa la tecnica si possono trovare tanti collegamenti e addirittura soluzioni tecniche, che possono essere indirizzati proprio alla realizzazione della vita eterna.

Appena termina la fase frammentaria-ondulatoria, diciamo di sviluppo del sistema tecnico, di fatto avviene l'ottenimento di una forma del sistema tecnico - come un qualche oggetto tecnico o un qualche ciclo tecnologico - che può realizzarsi in una serie di macchinari o di elementi tecnologici, e questo può essere anche un grande sistema, per esempio una fabbrica. così voi potete osservare il ciclo tecnologico semplicemente come una forma più grande che realizza una serie di operazioni tecnologiche e tecniche.

© Грабовой Г.П., 2015-2017

Ecco che se noi chiariamo questi collegamenti, diventa allora chiara la natura del pensiero che possiede l'uomo quando crea gli oggetti tecnici, e quindi osservando proprio gli obiettivi per l'assicurazione della vita eterna di tutti, si può vedere che qui esiste una sequenza di determinate leggi che considerano e confermano proprio la reazione del sistema tecnico al pilotaggio della coscienza. in primo luogo, qui, in presenza di tecnologie dello sviluppo eterno della vita eterna, bisogna considerare che la piattaforma di base di tutte le fondamenta informative per le azioni mentali-intelettuali dell'uomo, per esempio una fabbrica. Così voi potete osservare il ciclo tecnologico semplicemente come una forma più grande che realizza una serie di operazioni tecnologiche e tecniche.

Per esempio guardando in questo contesto il dispositivo per lo sviluppo delle concentrazioni - PRK-1U - che io ho creato dal punto di vista dell'interazione di differenti sistemi, con lo scopo di assicurare la vita eterna a tutti, vediamo che proprio nei dispositivi di questa classe, possiamo vedere che le fondamenta portanti di questo dispositivo, già includono in se la **struttura ideologica**, e quindi la reazione del sistema tecnico, la reazione di questo dispositivo, è già compensata dall'obiettivo comune dell'assicurazione della vita eterna a tutti.

© Грабовой Г.П., 2015-2017

Nel caso il sistema tecnico realizzi solo obiettivi funzionali concreti, non avendo un tale livello ideologico fin dalla sua creazione, allora in questo sistema tecnico si può introdurre il pensiero che lo svilupperà nel campo dell'interazione della coscienza di Dio, con la coscienza dell'uomo, con la coscienza di altri oggetti, soggetti e sistemi e altrettanto con la forma di reazione che corrisponde alla coscienza di altri oggetti della realtà.

Qui è importante che questa specie di livello comune, si propaghi in questo sistema tecnico in modo tale che l'uomo che utilizza questo sistema possa, avendo compreso la struttura di utilizzo di questo sistema tecnico, indirizzarla per la realizzazione della vita eterna per tutti.

Per questo è necessario convertire semplicemente, all'interno della struttura del proprio pensiero, un qualsiasi sistema tecnico in sotto struttura, che garantisca la vita eterna a tutti. Allora questo trasferimento, questa conversione, di fatto divide la coscienza in due volumi separati, che possiamo per esempio chiamare frattali: allora il frattale 1 - dove si trova il sistema tecnico - e il trasferimento nel frattale 2 - dove questo sistema tecnico viene informato dell'obiettivo dell'assicurazione della vita eterna a tutti, è una procedura specifica di trasferimento che consiste allora in una determinata conciliazione della logica dell'azione e degli obiettivi, che il sistema tecnico possiede durante il pilotaggio dell'uomo.

Si può osservare in questo caso una situazione semplice: i passeggeri di un'automobile devono fare un tragitto senza incidenti, ecco che questo trasferimento si realizza aggiungendo un pensiero di assoluta sicurezza, con l'attivazione di questo pensiero nella struttura di eterno sviluppo globale di vita eterna per tutti.

Questa attivazione di fatto, è uno sviluppo che contemporaneamente contiene, come è ovvio, il sistema del pensiero dell'uomo e contemporaneamente contiene il sistema di tutte le costruzioni degli eventi che corrispondono alla tecnica. Ma la costruzione degli eventi che corrispondono alla tecnica è in primo luogo determinata dall'infinità di tutto il Mondo, così come qualsiasi costruzione degli eventi corrispondente per esempio all'uomo o a qualsiasi altro oggetto della realtà.

E qui appare già un movimento esterno proveniente dalla coscienza di Dio, quindi quando Dio guarda lo sviluppo di un sistema tecnico dove partecipa sostanzialmente l'azione intellettuale dell'uomo, appare una diminuzione della fase frammentaria poiché in un sistema di percezione di tipo ondulatorio, tutto avviene come istantaneamente - l'oggetto

© Грабовой Г.П., 2015-2017

tecnico è pronto - ecco questa fase frammentaria, dove si incontrano la natura frammentaria-ondulatoria con l'oggetto già pronto, si minimizza per il fatto che otteniamo dalla realtà esterna quelle sillabe di Dio, quell'azione di Dio che fa incontrare tutta la struttura precedente di sviluppo delle tecnologie con la struttura successiva.

Qui è improntante, nello sviluppo della tecnica la legge più essenziale: *la tecnica deve assicurare lo sviluppo eterno, la vita eterna a tutti, incluso anche lo sviluppo delle proprie potenzialità, in modo tale che il sistema tecnico debba funzionare infinitamente.* Questa componente dell'eternità, della funzionalità tecnica, determina una maggiore armonia nel trasferimento dalla fase frammentaria alla fase dell'oggetto realizzato. Perché parlo così tanto di questo pilotaggio? Perché è importante che l'oggetto pronto sia consolidato nelle funzioni necessarie. assicurazione della vita eterna, dello sviluppo eterno,e di conseguenza certi parametri che nel frattempo siano in grado di assicurare tutto questo, e qui appare un momento abbastanza importante legato al fatto che nell'ambito dello sviluppo eterno di tutti gli oggetti della realtà, c'è una certa reciproca "solidarietà" nella struttura dell'obiettivo e nel movimento comune dell'informazione, della coscienza e dell'ideologia. Si può dire così : per esempio mentre vi trovate in un aereo, l'autosufficienza dell'aereo, se voi guardate l'aereo come un sistema che

© Грабовой Г.П., 2015-2017

assicura "sicurezza" che assicura la realizzazione di certi obiettivi - e questo vale anche per altri tipi di trasposto - però nell'aereo questo tipo di sensazione è maggiormente presente, è più profonda l'interazione dell'uomo o dei passeggeri con questo sistema tecnico.

Possiamo guardare a un processo di pilotaggio tale che nel momento voi potete contemporaneamente, attraverso lo sforzo della coscienza, indirizzare il livello del pilotaggio interno ed esterno, all'interno di qualsiasi sistema, in modo tale che vengano rispettati tutti, o comunque un numero massimo di obiettivi per la realizzazione della vita eterna. Allora qui si può realizzare un tipo di pilotaggio che aiuti non solo a orientarsi nella struttura di pilotaggio dell'obiettivo del sistema tecnico, ma a dirigersi verso gli obiettivi che vengono realizzati da qualche uomo, da qualche altro sistema biologico, o da qualche altra sostanza vivente. qui è importante che nel sistema tecnico si può conciliare la monotipicità della reazione di qualsiasi sostanza viva.

Quando voi realizzate un tale pilotaggio potete immaginare il seguente momento: la videocamera per esempio riprende una lezione e durante questa ripresa sulla superficie della videocamera si osservano diversi segnali proiettivi - che per altro hanno un carattere perfettamente informativo - che

© Грабовой Г.П., 2015-2017

possono essere provenienti da differenti esseri viventi, che si trovano in qualsiasi punto dello spazio del Mondo infinito, potete notare un momento interessante legato al fatto che la componente proiettiva si incrocia ininterrottamente con il filo del vostro pensiero.

Cioè, parlando di questo noi sentiamo che contemporaneamente avviene, all'estremo opposto fine di questo filo del pensiero una qualche azione, che è simile all'azione di Dio, nella struttura del controllo totale di tutti gli eventi, questa azione è come se risucchiasse l'informazione in se, e con questo mantenesse la sua forma e anche la posizione primaria e finale. Perché Dio vede subito la posizione sia iniziale che finale di qualsiasi sistema, inclusi gli oggetti tecnici.

E qui appare una situazione in un certo senso paradossale dal punto di vista della logica comune del Mondo tridimensionale e delle coordinate temporali, ossia che loggetto è come se fosse conciliato in se, perché per Dio è più facile controllare tutto il Mondo, inclusa tutta la tecnica, in modo che tutto sia in un unico posto, o addirittura in un unico punto per esempio. Se parliamo di questa posizione e sappiamo che è più potente il sistema tecnico, più precisamente bisogna saperlo controllare, allora vediamo un certo compito inverso, dal punto di vista del porre gli obiettivi di controllo, ossia che questo punto deve minimizzarsi ed alla fine ridursi a nulla, questo significa che non c'è la necessità di eseguire un controllo, perché tutto è saldamente fissato, consolidato e non possono sorgere problemi.

Allora si può introdurre un certo termine "Vacuum" (vuoto) tecnico all'interno di qualsiasi sistema tecnico, e questo vacuum informativo come una specie di stabilizzatore, permette di mostrare per tutto il tempo, una struttura come un nodo, attorno alla quale deve costruirsi il sistema tecnico, ed ecco ora dirò proprio come queste strutture stabilizzano qualsiasi tecnica proprio riguardo all'assicurazione della vita eterna per tutti.

Avviene allora che bisogna prima di tutto prendere tre strutture qualsiasi all'interno dell'oggetto tecnico; per esempio davanti a me adesso c'è la videocamera, io evidenzio tre campi e contemporaneamente osservo le funzioni di questo sistema tecnico, per esempio la videocamera deve riprendere l'immagine e il suono, e subito vediamo un obiettivo concreto funzionale che ha una forma concreta, e queste tre posizioni immediatamente consolidano questa forma nello spazio del Mondo esterno.

Cioè appena io sposto l'obiettivo e ho percepito la struttura dell'oggetto tecnico, appare una costruzione solida, dunque

© Грабовой Г.П., 2015-2017

la natura fondamentale di qualsiasi oggetto, dal punto di vista della legge di costruzione della tecnica della vita eterna è il consolidamento di una costruzione solida.

Sullo stesso principio è costruito l'apparecchio per lo sviluppo della concentrazione della vita eterna - PRK-1U - qui la costruzione solida appare dall'interazione fra le lenti e il campo elettromagnetico, e anche fra la struttura della coscienza dell'uomo e di Dio. Questa solidità, a livello degli obiettivi ideologici, i quali in ogni caso devono essere assicurati dal lavoro di questa tecnologia.

Cioè un dispositivo di questo tipo - che contiene in sè la solidità strutturale della fase ideologica della creazione di questo stesso dispositivo - mentre il dispositivo è in funzione ad una qualche altra azione, l'ideologia è già contenuta nelle funzioni di realizzazione di una qualche azione concreta, in questo caso che la videocamera registri l'immagine e il suono.

Quando allora confrontiamo i dispositivi di questo tipo di sviluppo della coscienza e di altro tipo, possiamo vedere che esiste una certa integrazione, in cui i dispositivi che sviluppano la coscienza sono come dei LEADER nella fase dello sviluppo eterno, mentre gli altri dispositivi devono al contempo cercare di svilupparsi allo stesso modo.

Se consideriamo che lo sviluppo congiunto di differenti sistemi avviene immediatamente e consecutivamente - ma dal punto di vista di Dio questa è la stessa cosa . allora vediamo che una specifica matrice del dispositivo - PRK-1U - si sovrappone su un altro tipo di dispositivi, che al momento non contengono funzioni indirizzate all'assicurazione della vita eterna per tutti, succede che allora questo dispositivo-PRK-1U - è come se si avvicinasse informativamente ad altre classi di dispositivi.

Così emerge un'altra legge di sviluppo della tecnica nella costruzione di dispositivi per la vita eterna. Una legge ancora si forma, sullo sviluppo della tecnica per assicurare la vita eterna; qualsiasi sistema tecnico deve essere autosufficiente nei parametri autonomi e negli obiettivi infiniti dell'assicurazione della vita eterna, e possiamo vedere che per coloro che praticano con il dispositivo - PRK-1U - possono aggiungere un elemento di pratica tale, che proprio questa specie di avvicinamento di un livello ad altri, deve scattare nel pilotaggio come una calamita, cioè voi lavorando con il dispositivo - PRK-1U - potete subito con questa azione magnetica, vedere cosa si può fare ne Mondo circostante in cui la tecnica deve co-svilupparsi con l'uomo.

© Грабовой Г.П., 2015-2017

Davanti a voi allora appare una marea di tecnologie di applicazione del PRK-1U - perché è molto improntante anche la legge di continuo studio e sviluppo.

Quando viene utilizzato un sistema tecnico che assicura la vita eterna si può vedere ad esempio, che appena viene utilizzato un apparecchio di questa classe che sviluppa la coscienza per assicurare la vita eterna, allora tutti i criteri di sviluppo, non solo vengono rafforzati di tante volte, ma appare addirittura un determinato livello di responsabilità per l'assicurazione nell'infinito futuro della vita eterna in presenza di una quantità di dispositivi indirizzati nello sviluppo infinito.

Allora noi avendo un'infinita quantità di dispositivi che sono indirizzati all'infinito sviluppo. possiamo osservare la struttura di una determinata reazione del dispositivo simile a come funziona la coscienza dell'uomo.

Per esempio io ho detto adesso - Una quantità di dispositivi nell'infinito sviluppo - si può considerare che sì, una quantità di dispositivi si sviluppi infinitamente, ma questa è anche un'azione con la quale noi possiamo indirizzarli con un impulso spirituale, quindi non è solo un concetto astratto "una quantità di dispositivi nell'infinito sviluppo".

L'uomo può fare tutto attraverso il pilotaggio, attraverso una possibilità universale della domanda, dell'azione e dell'obiettivo mirato, io ho appena parlato di "indirizzare un'infinita quantità di dispositivi nell'infinito sviluppo", questa per i sensi è una frase simile, però qui più concretamente si parla della quantità di dispositivi.

L'interazione su queste sfumature, tra il raziocinio dell'uomo ed il sistema tecnico, che dice - il sistema tecnico deve saper percepire le sfumature del raziocinio umano - che io ora in un certo senso ho descritto. Così avviene che il sistema tecnico comincia ad avere un certo "interesse" verso quello che l'uomo farà - io per esempio una volta ho avuto un curioso caso di pilotaggio in cui il sistema tecnico ha reagito al concreto comportamento dell'uomo, e così in base all'analisi di una osservazione che faceva sull'uomo, il sistema tecnico realmente "osservava" l'uomo e di conseguenza determinava un livello di azioni intelligenti - per quanto è possibile attenerci al concetto di "intelligenza" che non appartiene di per se alla parte funzionale del sistema tecnico, ma è più appropriato per il raziocinio umano.

E' un punto molto importante, si può dire una umanizzazione, nel senso della reazione dei sistemi complessi. Questa legge ha cominciato da molto tempo a manifestarsi nel Mondo moderno.

© Грабовой Г.П., 2015-2017

Già all'inizio del XX secolo e maggiormente all'inizio del XXI, diversi sistemi tecnici hanno cominciato a riprodurre quello che appartiene al concetto del pensiero umano, che si sviluppa basandosi sul fattore e nel fattore del ragionamento precedente - cioè il sistema tecnico comincia ad osservare il proprio stato precedente, similmente a quello che nell'uomo appartiene alla memoria del passato, e questo appare analogamente a quanto fa Dio, quando Lui vede il passato ed il futuro contemporaneamente e attraverso questo percepisce, e da questo gli deriva del confort.

Lui non prova sensazioni sgradevoli, però quando il sistema tecnico - analogamente a come fa Dio - non ha alcuna inutile percezione o reazione, notiamo allora che l'elemento del sistema tecnico, pilotando una sua parte separata, può pilotare allo stesso modo in cui uno dei segmenti della coscienza dell'uomo pilota un altro.

Per esempio l'uomo ha pensato a qualcosa ed ecco esiste anche un pensiero vicino, oppure l'uomo guarda l'ambiente esterno e vede che in questo ambiente esterno avviene il riflesso degli eventi nella sua struttura di pensiero, allora lui può agire in modo tale che oltre a questo riflesso esiste anche un fattore di funzionalità di detto riflesso, su qualche oggetto di informazione, e di fatto tra questi può esserci anche l'azione del sistema tecnico, se si tratta di un sistema tecnico.

© Грабовой Г.П., 2015-2017

Per esempio se realizziamo un pilotaggio costruito in modo tale che durante la registrazione del suono nella videocamera o su un registratore, possiamo osservare subito due parametri nella registrazione, allora succede che la coscienza deve percepire praticamente una angolatura di pilotaggio tale che noi possiamo percepire questi due canali di registrazione con la coscienza come un'azione monotipica, cioè che questa è semplicemente una registrazione del suono, sia nella videocamera che nel registratore. E non dettagliando da dove viene registrato i suono, se nella videocamera o nel registratore. Allora succede che quando voi realizzate il pilotaggio indirizzato proprio al raggiungimento della struttura di interazione della vostra coscienza con la tecnica, voi dovete anche operare con i principi di comprensione comune del processo in atto, allora guardando la tecnica come dall'esterno voi potete più precisamente pilotarla.

Quando nella mia pratica di lavoro, per esempio con le compagnie aeree, mi capitava di insegnare ai piloti certi metodi prima del volo, che loro dovevano apprendere abbastanza velocemente per poi applicarli durante il volo, io introducevo sempre nel pilotaggio - la struttura autentica della conoscenza interiore del sistema tecnico dal punto di vista della pilotabilità di quel sistema tecnico - Cioè si tratta di saper pilotare un sistema tecnico in modo tale che è come

© Грабовой Г.П., 2015-2017

se fosse il vostro pensiero ad assicurare la funzionalità del sistema, cioè bisogna talmente integrarsi con l'oggetto tecnico nella nostra coscienza, da far muovere l'oggetto con la nostra volontà a livello di pilotaggio.

Allora succede che voi, ovviamente in assoluta sicurezza - in quanto, avendo il pensiero di garantire la vita eterna evidentemente non creerete situazioni che possano comportare danni alla salute e alla vita.

Dal punto di vista della reazione del sistema tecnico al pilotaggio della coscienza, voi potete osservare un processo in cui la coscienza deve percepire - tutta la pienezza della struttura di pilotaggio su obiettivi concreti e locali in qualche sistema tecnico - oppure su obiettivi appartenenti all'assicurazione della vita eterna per tutti. però in modo tale che voi possiate vedere un esempio, un determinato quadro concreto, e prendendolo dal punto di vista meccanismo concreto, voi potete realizzarlo molto chiaramente per assicurare la vita eterna per tutti.

Cioè, è come se voi guardaste nel Mondo della tecnica a certe costruzioni molto concrete, e vedeste una tale combinazione di queste particolarità di costruzione che vedete e capite che questa è la vita eterna, nel senso della sua assicurazione proprio attraverso mezzi tecnici. Un esempio semplice è che si può osservare tutta la tecnica del Mondo che esiste adesso o nel futuro, e evidenziare determinati gruppi di questa tecnica, e porre l'obiettivo in modo che questi sistemi tecnici potranno assicurare la vita eterna. Si vede subito una netta, semplice e lineare costruzione, di solito composta da tre perni, vedendo subito che dentro questi perni si trovano i - punti di scambio informativo - e per questo i gruppi tecnici sono presi dai più differenti cicli tecnologici, cioè questi perni si basano sulle più differenti strutture tecniche.

Ecco, immaginate tutti questi differenti numerosi modi d'uso di questa tecnica in un grande mucchio, che abbiamo semplicemente riunito e messo su un treppiede, e possiamo osservare che se diamo forma piramidale a questo mucchio, si può vedere che qui si concentra una determinata trasformazione e si converte in sfera, dove viene garantito l'equilibrio, perché l'infinito sviluppo del Mondo vivo e del Mondo tecnogeno, inclusi i sistemi tecnici, può avvenire realmente in eterno, e con questo i sistemi tecnici non potranno in alcun modo interrompere il corso della vita eterna. Questa è un'importante legge ideologica che bisogna conoscere non semplicemente a livello di concreti sistemi tecnici, ma nella sua forma qualitativa.

 © Грабовой Г.П., 2015-2017

Allora potete vedere che dal punto di vista di Dio, che sa che il Mondo è eterno e infinito. La coscienza umana, percependo la linearità del Mondo a livello della vita biologica dell'organismo, può percepire per esempio che per il sistema tecnico il concetto di tempo non ha un corso così accelerato - tranne nei casi in cui avviene il deperimento di qualche materiale, di qualche aggregato - nell'uomo invece si realizza una massa di diversi livelli nella percezione e nell'azione, e perché l'uomo possa vivere eternamente bisogna *sincronizzare* la statica determinata di qualche tecnica con quanto fa l'uomo.

Per esempio, nel dispositivo per lo sviluppo delle concentrazioni - PRK-1U - si può dire che questa funzione è inserita nel livello dell'azione, e allo stesso tempo interagendo con il dispositivo, l'uomo reagisce al dispositivo in diversi modi, nel periodo di utilizzo della - PRK-1U - si può vedere che lo sviluppo della coscienza avviene molto velocemente, particolarmente nei casi in cui le mie lezioni, i miei webinar riguardanti proprio i livelli tecnici dei dispositivi, dei sistemi tecnici, vengono studiati - e allora questo apprendimento genera un livello di sviluppo sostanzialmente più rapido - non solo nell'uomo, ma si possono anche aumentare le risorse del sistema tecnico stesso.

Grazie a questo rapido livello di interazione e allo sviluppo della coscienza di molti fra coloro che realizzano il pilotaggio durante i test, per esempio, è stato possibile rafforzare i regimi di pilotaggio all'interno del dispositivo, e dunque riportarlo ad un nuovo livello più intensificato, tanto da poter indicare i numeri vicino alle lenti. Questa interazione permette di creare un sistema tecnico più potente perché in primo luogo bisogna portare a livello d sicurezza in modo che il pilotaggio dell'uomo *deve realizzarsi* - ecco - questa è la legge che bisogna rispettare.

Con questo si può chiaramente dire che qualsiasi tecnica che viene realizzata nel pilotaggio è ovviamente sintonizzata in modo da assicurare non solo il livello eterno della vita dell'uomo, non solo la vita eterna nel corpo fisico, ma con questo devono essere anche assicurate determinate "Norme" che possono essere considerate norme morali, etiche, per le quali il sistema tecnico può percepire solo come sistema di reazione.

Siamo in questo modo arrivati ad un importante livello di interazione con la realtà della tecnica e dei differenti sistemi tecnici, e qui è importante prestare attenzione al fatto che nell'interazione di sistemi limitati riguardo alla tecnica, quello che è simile alla morale o all'etica può essere uno

© Грабовой Г.П., 2015-2017

specifico limite nello sviluppo dei sistemi tecnici, proprio nella corretta umana comprensione, nel campo dell'assicurazione della vita eterna noi possiamo vedere che prima di tutto, quando lavoriamo sulla struttura di accesso alla tecnica ed al pilotaggio, cerchiamo di sincronizzare il livello del nostro pensiero al livello di una determinata *natura vibrazionale dello sviluppo della tecnica nel futuro, della tecnica della vita eterna.*

Se ascoltiamo la lezione di oggi, ecco che dal punto di vista dell'integrazione della coscienza con la tecnica nell'ambito dell'assicurazione della vita eterna, possiamo vedere che in modo simile, quanto il sistema tecnico si sposta frammentariamente nel Mondo, io ora ho cercato di fare un pilotaggio mostrando frasi frammentate con le parole, con azioni e con spiegazioni pilotanti, e si vede che esiste un certo principio per il quale l'uomo deve "adeguare" un certo sistema tecnico al livello della sua propria coscienza, nel campo della futura integrazione della vita eterna.

Quando noi guardiamo il processo di questa integrazione, appare il principio del controllo comune, cioè un comune principio di buon senso. Quando voi risolvete le questioni di interazione con il sistema tecnico, cioè la raccolta di dati concreti, voi avete la valutazione oggettiva della situazione, più tempo lavorate con la tecnica, più preciso sarà il livello del vostro pensiero e voi potrete allora pensare spesso con un sostanziale anticipo, cioè potrete vedere il futuro dell'oggetto tecnico, anche senza guardare gli eventi direttamente trovandovi come all'interno, nel principio del meccanismo di azione.

In questo modo voi potrete percepire una certa "bellezza della tecnica" a livello della struttura interna, e avrete un accesso facilitato a una qualche struttura degli eventi futuri, perché succede che molte persone, vedendo un qualche sistema di pilotaggio nel futuro, la prima reazione che hanno è che sia qualcosa di difficile, ma in realtà ci sono già tantissime persone che hanno un immediato accesso agli eventi futuri, senza dover superare alcuna difficoltà - in questo caso sto parlando proprio della necessità attraverso la tecnica, come attraverso una specie di scudo, di poter osservare con il lavoro della tecnica gli eventi futuri e renderli eterni.

Per esempio si può immaginare un orologio meccanico; voi percependolo o guardando attraverso la chiaroveggenza pilotante come funziona l'orologio, vi introducete talmente nella struttura del meccanismo da vedere subito cosa ne sarà per esempio tra 100 anni - o in un arco di tempo inferiore.

© Грабовой Г.П., 2015-2017

Dio, allo stesso modo, quando ha creato il Mondo in cui esistevano differenti processi che sono confrontabili con quelli che avvengono nei sistemi tecnici, allora voi potete vedere che si può guardare al futuro in tal modo che voi semplicemente anticipate nella struttura di azione, per via del vostro raziocinio, le funzioni che sono riprodotte nel campo informativo del sistema tecnico; ed ecco che per via di questa anticipazione voi sapete quello che succederà al sistema tecnico.

In questo modo si può dire, se appunto guardiamo il meccanismo da questo punto di vista, che Dio conosce il futuro di tutti perché la Sua velocità di raziocinio è semplicemente più veloce: Lui può pensare in modo integrativo, e applicando questo principio nei confronti del sistema tecnico si può allo stesso modo pronosticare lo stato della tecnica.

Per fare questo si può realizzare una serie di azioni semplici, cioè inizialmente valutare logicamente cosa rappresenta questo sistema tecnico, se questa è una macchina predisposta per i trasporti o qualche sistema che fissa l'informazione etc, cioè determinando il livello informativo, la classe del dispositivo, della macchina o del sistema tecnico, voi potete molto velocemente creare un livello che voi potete definire.

© Грабовой Г.П., 2015-2017

Infine l'uomo può semplicemente immaginare cosa succederà con la tecnica, e già questa sarà un'anticipazione, perché nella tecnica questa informazione non c'è. Nel futuro quando si lavorerà con meccanismi cibernetica molto sviluppati, per l'uomo diventerà molto importante proprio il livello di immaginazione, oppure osservare qualcosa che in realtà non ha osservato nel mondo fisico, come collegare mentalmente diversi oggetti d'informazione in un unica posizione di pilotaggio, per esempio come avviene la registrazione sulla videocamera o sul registratore unite in un'unica posizione proiettiva - ecco queste azioni sono date all'uomo per permettergli di anticipare sempre la tecnica, e voi potete costruire tali posizioni che non potranno essere controllate da alcun sistema tecnico, in questo modo voi vi individualizzate e non permettete alcun ingresso di controllo verso di voi.

L'uomo è libero, agisce in base alla sua volontà, e quando lui è fedele alle leggi di Dio sulla vita eterna, nella sua vita tutto avviene in modo massivamente armonico, o meglio unicamente armonico, con una giusta pratica in questa direzione.

In questo caso succede che proprio che proprio la vita eterna uno dei principi della totale armonia, che è il principio fondamentale per tutti e per tutto il Mondo incluso Dio.

© Грабовой Г.П., 2015-2017

Quando l'uomo assume questa logica - cioè che Dio dal punto di vista dell'uomo, deve per esempio realizzare il principio della vita eterna - allora il sistema tecnico può reagire allo stesso modo, può avere un grado di reazione che di fatto emette dei segnali del livello dell'uomo, di determinati livelli informativi, che di fatto potranno nel futuro, diventare un sistema di determinate comunicazioni fra differenti oggetti tecnici e la coscienza dell'uomo.

Questo è già un nuovo livello di sviluppo, dove avviene una determinata integrazione, in cui voi potete attraverso il raziocinio, dare un qualche impulso al sistema tecnico che recepisce il vostro comando, probabilmente le prime volte non sarà un fattore eclatante ed evidente, però se voi guidate la macchina è sicuro che sarà un viaggio senza incidenti - ma vedere in quale punto concreto è avvenuta l'integrazione, questo lo si potrà vedere solo a livello di chiaroveggenza.

Attraverso la chiaroveggenza potete anche vedere, riguardo alla vostra integrazione, che proprio la vostra azione nella sostanza del sistema tecnico - e quindi nel pilotaggio di questo - ha portato al fatto che l'incidente non c'è stato, si può anche addirittura osservare che ha avuto luogo un certo segnale proveniente dal sistema tecnico nell'ambiente esterno, e l'ambiente esterno si è organizzato al livello degli eventi, in un certo livello lineare degli eventi, per cui voi avete avuto questo risultato finale.

Possiamo qui evidenziare una struttura di pilotaggio tale, che dal sistema tecnico parte un segnale che trasforma il Mondo proprio nella struttura del Mondo infinito eterno per tutti, e allora avviene una certa azione esterna, cioè questa azione esterna è determinata dal fatto che quando il Mondo esterno assicura l'eternità della vita, rispetto alla comprensione lineare dell'uomo, questa è un'altra caratteristica di quando l'uomo da solo con la forza di volontà, crea gli eventi della vita eterna.

Anche se a livello di pilotaggio, la forza di volontà, la coscienza e lo spirito sono ovviamente collegati - l'uomo può creare eventi infiniti e vivere eternamente, ma in questo caso io dico proprio che - un determinato sistema tecnico, o il Mondo esterno collegato a questo sistema tecnico, dà la vita eterna, perché voi agite solo come utilizzatore.

Immaginate di entrare in un edificio, e dentro c'è la vita eterna, questo è poco per l'uomo, perché ovviamente la coscienza lavora per creare la vita eterna indipendentemente da un qualche edificio, eppure qui si apre un altro meccanismo che permette di creare più velocemente la tecnica, che aiuta proprio tutti ad avere le conoscenze

© Грабовой Г.П., 2015-2017

sull'assicurazione della vita eterna, fino ad un livello tale di coscienza collettiva, che solo per via di un'alta concentrazione dell'idea della vita eterna nella coscienza collettiva, nessun tipo di distruzione diventa più possibile.

Allora succede che noi, rimanendo nella convinzione che la tecnica deve essere costruita secondo determinate leggi, che devono sempre essere rispettate, possiamo costruire una determinata struttura di apprendimento, perché il segnale si espande contemporaneamente all'interno del sistema tecnico e nell'ambiente esterno.

Ovviamente ogni segnale, in base alle leggi dei collegamenti universali, si espande in qualsiasi sistema infinito, ma noi vogliamo in questo caso concreto guardare proprio la struttura concreta, che deve essere chiara, così da poter subito dire come costruire la tecnica, perché il segnale interno proiettato all'interno del sistema tecnico, ed il segnale derivante dal sistema, siano interamente armonizzati.

E appare un successivo principio di sviluppo della tecnica che assicura la vita eterna a tutti, deve dunque esserci l'armonizzazione dei segnali all'interno dei sistemi tecnici. Se guardiamo il processo dal punto di vista dell'uomo e l'armonizzazione legata all'interazione dello spirito, dell'Anima, della coscienza, del corpo fisico dell'uomo e di

© Грабовой Г.П., 2015-2017

altri uomini, essa avviene a volte, a livello di collegamenti molto veloci, che sono tali che si può anche non prestare loro attenzione, però per la tecnica questi collegamenti devono essere chiari e lineari.

Per questo nella tecnica ci deve essere un blocco a livello informativo, o a livello di azione mentale di quella persona che elabora la tecnica, dove esistono interazioni tra tutti gli elementi della tecnica, ma interazioni non attraverso contatto fisico, interazioni finalizzate. E dunque ad ogni elemento della tecnica, si può dare una certa "vettorialità" cioè, ogni elemento della tecnica, dal punto di vista dell'obiettivo dello sviluppo eterno, della vita eterna per tutti, è costruito in modo tale che lì avviene la trasmissione del segnale, a livello informativo, da un elemento all'altro, ed essi allo stesso modo come per gli organi nell'organismo dell'uomo, possono interagire a differenti livelli - a differenza dell'organismo dell'uomo, è evidente che l'interazione nella tecnica è di carattere locale - e tuttavia nella stessa struttura dei collegamenti universali, dove tutte le strutture del Mondo sono interconnesse, queste strutture diventano meno importanti, perché se inviamo un piccolo volume informativo in una massa infinita, e inviamo là anche un enorme volume informativo, anche infinito, nell'infinità tutto questo comunque si fonde.

© Грабовой Г.П., 2015-2017

Ecco qui si può determinare tutta la struttura del sistema tecnico, in modo che questa reagisca totalmente al pensiero dell'uomo, e avere un sistema tecnico che permette di reagire al pensiero - per esempio nel dispositivo per lo sviluppo delle concentrazioni per la vita eterna -PRK-1U - il pensiero, interagendo con il sistema tecnico, permette di ottenere in primo luogo maggiori risultati a chi utilizza l'apparecchio, e con questo per rispettare la funzione del continuo sviluppo, l'apparecchio aumenta le risorse ogni volta, indipendentemente dal livello corrente di sviluppo, ha sempre una funzione di sviluppo.

Allora succede che quando noi sviluppiamo in questo modo la coscienza attraverso queste concentrazioni, in primo luogo aumenta il livello di reazioni precise, più alto è il livello di adeguatezza, meglio è per la struttura del Mondo circostante, e quando voi reagite ad una serie di processi in modo accelerato - e l'utilizzo accelera molto il pensiero e lo rende più produttivo - in questo modo risolvete nuovamente la questione per via di questa anticipazione del lavoro del vostro pensiero, e l'ottenimento della previsione non per via dell'Anima, che contiene tutta l'informazione del Mondo, ma per via del lavoro della coscienza, questo è importante.

Perché se pensiamo all'obiettivo di Dio, che tutto può e sa fare tutto - Perché Lui ha creato la via tecnologica e tecnocratica per lo sviluppo della società? In questo senso appare la risposta: che per Dio semplicemente non è importante vedere tutto, sapere tutto, ma introdursi nella sostanza di ogni sistema, a tal punto da integrarsi con questo sistema per risolvere, attraverso esso, la questione dello sviluppo eterno; per l'uomo è la vita eterna. per la tecnica è l'eterno sviluppo, che è paragonabile per livello con il concetto di vita.

Quando questi processi della vita eterna dell'essere biologico, ed eterno sviluppo dell'oggetto tecnico si espandono nell'infinito futuro, e li si incontrano, allora appare un certo sistema colossale di energia, il quale di fatto ad eccezione degli esseri viventi, ad eccezione della vita, non differenzia gli oggetti: questa di fatto è una nuova realtà.

E qui dal livello primario della materia tecnica, che assomiglia a della plastilina fluida, si può creare qualsiasi tecnica, qui si nasconde la pilotabilità di qualsiasi tecnica attraverso la coscienza dell'uomo nella vita quotidiana, qualcosa può fermare la tecnica, spegnere, interrompere, ma a livello di pilotaggio bisogna per tutti i sistemi tecnici del Mondo - in questa sostanza simile alla plastilina, che è il

© Грабовой Г.П., 2015-2017

riflesso della materia della vita eterna - trovare determinati punti, meglio tre, fissarli e basta, e la tecnica diventa sicura.

Per altro io suggerisco di utilizzare questo metodo nei casi di problemi con la tecnica: se si sente una qualche tensione, un problema con la tecnica, bisogna velocemente e mentalmente trasferire nella fase liquida l'informazione della tecnica e fissare i tre punti, meglio in forma di perni, ossia si fissano i tre punti e basta, e voi potete osservare quanto plasmabile diventa questa realtà esterna, e allora appare proprio il livello del movimento senza incidenti, oppure con il sistema tecnico non avviene nessun problema, quantomeno nel vostro caso le persone che vi circondano non potranno avere traumi,danni, etc.

Pensando all'obiettivo successivo, alle preoccupazione dell'uomo di cosa fare con la tecnica perché la legge dice - di non causare danni a nessun oggetto, e deve per forza essere rispettata - allora appare l'obiettivo di incremento delle risorse dell'uomo, cioè, che non si preoccupi solo della sicurezza personale degli uomini, ma anche della tecnica, e faccia quindi sì che l'uomo agisca in modo tale, che gli oggetti tecnici non si causino danni tra di loro. Questo aspetto peraltro ha molti momenti pragmatici, perché se la tecnica non danneggia se stessa, allora tutti gli incidenti

© Грабовой Г.П., 2015-2017

finiscono subito, cioè noi attraverso un contatto molto profondo con la tecnica, risolviamo questa questione, precisamente quella della sicurezza di se stessa, questo livello di principio di sviluppo della tecnica, in cui la tecnica autosufficiente non si danneggia e non danneggia nessun oggetto della realtà.

Qui appare una domanda interessante: - Come realizzarlo per la tecnica, cioè come attivare nella funzione della tecnica queste piattaforme ideologiche? Come realizzarlo tecnologicamente? - E qui possiamo vedere due fattori di sviluppo dell'umanità nel futuro.

Il primo è - *come la coscienza collettiva influenza la tecnica come configurazione a distanza*; per esempio, l'incidente non avviene per via dell'influenza della massa e di tale composizione degli eventi, in cui gli eventi non si incrociano dove possono essereci traumi o incidenti alla vita delle persone. Il Mondo sarà così costruito, nelle condizioni di una tecnica potentissima, un'enorme quantità di tecnica, senza neanche un incidente.

Il secondo - *il fattore umano che reagisce a tutta l'informazione circostante*: questo fattore, da una parte si svilupperà indipendentemente, perché la coscienza sarà come un determinato sistema di difesa dell'uomo, così come il suo

© Грабовой Г.П., 2015-2017

spirito , la sua Anima e anche la reazione del corpo fisico, tutti questi sistemi saranno sempre più concentrati a prevenire qualsiasi problema tecnico, e per rendere questo lavoro fluido, bisogna inserire nei sistemi tecnici una funzione simile a quella dell'uomo, ovvero la funzione della "chiaroveggenza pilotante" e un certo grado di previsione pilotante, si può introdurre per via tecnica.

Una funzione di auto diagnostica e di prognosi del lavoro della tecnica, queste leggi sono scoperte da tempo, in questo caso io parlo di altro, di un terzo livello, in cui la tecnica "pensando" oppure avendo un modo di reazione simile al raziocinio umano, crea *strutture interne di autocontrollo e di auto sviluppo*, e allora noi raggiungiamo la possibilità che diventa semplice vivere con la tecnica anche a livello di pilotaggio, è sufficiente solo pensare come desiderate - per esempio avete guardato lo spazio davanti a voi, e volete che il sistema tecnico si muova in una direzione, e allora se vi soddisfa tutto, ponete parallelamente il sistema di pilotaggio, bisogna che il vostro pensiero si trasferisca sul sistema tecnico.

Ecco, ora bisogna domandarsi come in generale Dio ci dà le conoscenze, per esempio, Lui ha guardato degli eventi futuri vicini, e noi facciamo altrettanto, allora sorge una domanda - Ma è stato l'uomo ad averli guardati oppure è stato Dio ad averli suggeriti? - Ecco appena voi iniziate a

© Грабовой Г.П., 2015-2017

chiarire queste domande vi diventa chiaro in che modo il vostro pensiero può essere ampliato, per far sì che la tecnica si muova in modo sincronizzato, cioè che faccia quello che l'uomo fà con il suo pensiero, allora si possono creare sistemi tecnici che colgono questa vostra fase anticipata del pensiero e si muovano al seguito del vostro stesso pensiero.

La nuova generazione della tecnica è basata sul fatto che *il pensiero determina il movimento della tecnica*, il pensiero può determinare le funzioni della tecnica. Con tutto questo, in connessione alla multi significatività del Mondo e alla grande differenza dei sistemi tecnici, si può dire che quando noi vediamo la reazione dei sistemi tecnici al lavoro della coscienza, questa reazione può essere "unificata", allora succede, se partiamo dall'unificabilità di tale livello di pilotaggio, che si può vedere che ci avviciniamo alla comprensione di come si possa, con lo scopo di assicurazione della vita eterna , immediatamente pilotare in modo corretto qualsiasi oggetto tecnico.

Così notiamo una semplice questione - bisogna valutare l'oggetto talmente velocemente da vedere il suo futuro, e quindi con esso realizzare qualcosa tecnologicamente, nel senso dell'azione con questo oggetto.

© Грабовой Г.П., 2015-2017

Allora succede che noi lavorando con gli oggetti tecnici, possiamo non solo pronosticare la loro posizione in qualche azione, ma ora possiamo concretamente pilotare questi oggetti, in quanto l'uomo ovviamente rimane sempre superiore a livello di sviluppo, non importa di quale complessità sia l'oggetto tecnico, fino a che punto sia potente, è perciò avere la priorità su qualsiasi oggetto tecnico, è una questione importante, è importante qui capire che il pilotaggio può non ridursi a quanto l'uomo ha desiderato - ad esempio telepaticamente spostare un oggetto fisicamente - non è questo il discorso, la vita eterna consiste semplicemente nel vivere eternamente, e non nel fare cose da circo.

Importante è che l'oggetto tecnico dato, non solo funzioni correttamente in qualche posto, cioè non produca danni alla salute, alla vita, ma deve anche produrre *un impulso nell'infinito futuro*, ossia che questo oggetto tecnico si manifesti nel futuro in qualche situazione, e proprio la questione della manifestazione di questo oggetto permette all'uomo di lavorare più strettamente con Dio, con la coscienza di Dio e più velocemente ottenere conoscenze su come farlo.

Cioè, la prima cosa è ovviamente una valutazione delle circostanze, una precisa valutazione di quanto sta avvenendo,

© Грабовой Г.П., 2015-2017

come fa qualsiasi essere vivente per orientarsi in modo preciso ed adeguato nell'ambiente circostante, e considerando che è più elevato il sistema di adeguatezza, quando l'uomo si rende chiaramente conto di qualsiasi azione, incluso il futuro, e realizza una previsione, allora succede che noi vediamo quando questi processi avvengono, noi possiamo trovarci nei parametri di qualche nostra azione, e con questa non c'è bisogno di fare qualcosa di aggiuntivo a distanza, per esempio interagire con l'oggetto tecnico. Però se appare un problema, per il quale bisogna urgentemente spostarsi a livello di interazione con la coscienza di Dio e pilotare i macro processi, allora bisogna pilotare anche gli oggetti tecnici.

Una volta stavo diagnosticando un aereo TU 144, lì c'era un laboratorio volante dove si facevano diverse sperimentazioni, e c'è stato un momento in cui è apparsa proprio la questione di realizzare un pilotaggio esterno per assicurare la sincronizzazione di diversi sistemi - per esempio, l'aereo laboratorio aveva il motore del TU 160, mentre l'aereo stesso era un TU 144, e questo portava determinate tensioni, per altro l'aereo era fermo da molti anni, e non era chiaro ai piloti come avrebbe reagito durante il volo per la pressione delle vibrazioni. Per questo era importante concentrare il pilotaggio in modo che le funzioni

© Грабовой Г.П., 2015-2017

si muovessero sincronicamente e non realizzare soltanto una formale diagnosi.

Per altro il pilota dell'aereo era Boris Ivànovic Veremei, che aveva partecipato con successo alla sperimentazione di quel caso in cui proprio l'aereo TU 144 veniva sperimentato come laboratorio volante, e i suoi colleghi raccontavano che nel corpo dell'aereo si era strappato un enorme pezzo e che nonostante, al di fuori di ogni legge fisica questo pilota era riuscito a far atterrare l'aereo.

I fisici in quel caso, commentavano che con un tale buco nel corpo di questo aereo, non c'era nessuna possibilità fisica di farlo atterrare - che sarebbe dovuto scoppiare in volo - però a guidare l'aereo era Boris Ivànovic Veremei, ed i suoi colleghi piloti ritengono che era tale la forza della sua volontà che egli era riuscito a farlo atterrare.

Ecco io voglio dire - che qualsiasi sistema tecnico può essere comandato in modo molto serio attraverso il pensiero, e questo si può fare a livello globale.

La pratica del mio lavoro con la tecnica aerea, dimostra che questo è possibile, raggiungibile nei confronti di molti sistemi, anche all'inizio del lavoro. Se voi vi perfezionate in questa direzione e potete regolarmente fare un pilotaggio sulla macro-stabilizzazione dello sviluppo dei sistemi tecnici,

© Грабовой Г.П., 2015-2017

allora voi imparerete ad assicurare la vita eterna in presenza di qualsiasi reazione del sistema tecnico al pilotaggio della vostra coscienza.

E allora il sistema tecnico non può intromettersi in alcun modo, è importante sviluppare il sistema tecnico in modo che esso non influenzi il naturale corso del pensiero dell'uomo, che l'uomo rimanga sempre libero, non importa quanto interagisce la totale *libertà della personalità e della volontà dell'uomo*, deve essere prima di tutto realizzata nella vita eterna, e quando costruiamo una nuova tecnica, di conseguenza dobbiamo partire dal fatto che in questa nuova tecnica devono essere inseriti i parametri del futuro eterno di tutta l'umanità, e la risoluzione di tutte le questioni che riguardano l'umanità, incluso l'aiuto di un differente sistema tecnico, di differenti sistemi tecnici.

Qui sorge la questione di una *totale integrazione di tutti i sistemi finalizzati del Mondo*, in cui ovviamente agisce anche Dio nei suoi infiniti livelli di pilotaggio per l'assicurazione della vita eterna, così vediamo la sincronicità non solo fra uomo e tecnica, tra tecnica e tecnica, ma anche con tutte le strutture che ci possono attendere nel futuro, e sempre con loro si può e si deve saper creare una posizione tale che l'assicurazione della vita eterna deve realizzarsi indipendentemente dal modo in cui i sistemi possono essere

© Грабовой Г.П., 2015-2017

correlati fra di loro, quali siano le loro strutture di livello prognostico.

Ecco, quando parliamo delle strutture future di qualche oggetto, succede come ho detto ora, che le strutture hanno un periodo di azione di differente livello per la prognosi, allora per l'assicurazione della vita eterna non è rilevante di principio, in quale modo si svilupperanno gli eventi nei confronti di ogni oggetto.

Anche in questo è presente una determinata legge della vita eterna, che dice che *in qualsiasi circostanza, di qualsiasi oggetto di informazione, la vita eterna deve essere assicurata anche in presenza di una qualunque prognosi remota.* Ovviamente per la vita eterna la prognosi tale deve essere - che tutti vivano e si sviluppino eternamente.

E qui notiamo un'altra questione, che osservando l'infinita libertà di qualsiasi oggetto d'informazione noi, per ogni oggetto locale di informazione creiamo la vita eterna - questo è l'obiettivo che ci è posto da Dio - e notiamo semplicemente la questione dal punto di vista della conoscenza dell'uomo, della coscienza dell'uomo, di trovare tecnologicamente determinati livelli di cosa deve fare l'uomo nel suo pensiero e nelle sue azioni fisiche, perché questa concessione di vita eterna si realizzi per l'uomo e per tutti indipendentemente dalla combinazione degli eventi.

© Грабовой Г.П., 2015-2017

Ecco qui inizia la risoluzione della questione, appare la libertà autentica della vita eterna, dell'eterno sviluppo che si basa sulla completa libertà armonica di tutti gli oggetti d'informazione, verso lo scopo del loro sviluppo.

Sorge allora la domanda - *In che cosa consiste lo scopo dello sviluppo di ogni oggetto?* - l'uomo è assolutamente libero e quindi deve crearsi da solo lo scopo, ecco, la creazione dello scopo si basa sul fatto che voi vedete e fate della vita eterna la componente basilare del vettore di scopo del vostro sviluppo, cioè l'ideologia risolve praticamente tutte le questioni, e questa ideologia va trasmessa a tutti gli oggetti di informazione, sia telepaticamente, attraverso il pensiero, che con l'azione, voi vi muovete in questa direzione, ve ne occupate, facendo qualsiasi cosa di cui siete consapevoli, anche dalla posizione della vita eterna per tutti.

Allora arriva la totale armonia, che cominciate a sentire, e anche la vostra personale armonia, la vostra personale armonica percezione che evidenzia l'armonia di tutti, quindi si arriva al fatto che quando si raggiunge la totale armonia nei confronti di come reagisce la tecnica a questo tipo di pilotaggio, allora voi fate incontrare la vostra personale armonia con quella di tutti.

Così succede che voi avete ottenuto un sentimento armonico, però avete raggiunto anche l'armonia totale, e se è

© Грабовой Г.П., 2015-2017

così bisogna riflettere sul fatto che il principio dell'armonia totale nella vita eterna, deve anch'esso basarsi sul livello di interazione con qualsiasi cosa, non solo con i sistemi tecnici, ma anche con qualsiasi organismo vivente.

Possiamo dire che la vita eterna è raggiungibile in modo sincronico da molti e anzi anche da tutti gli organismi viventi, in presenza di una determinata concentrazione della coscienza collettiva che determinerà un salto di qualità. Allo stesso modo in cui a volte si sviluppa velocemente e qualitativamente la tecnica, di conseguenza il Mondo vivente può anche svilupparsi in modo accelerato e qualitativo.

Per questo bisogna capire che la tecnica creata per via del pensiero dell'uomo, il quale nello sviluppo ha potenti salti qualitativi, può essere un esempio e anche una certa garanzia che testimonia che anche l'uomo può, cioè qualsiasi essere vivente può, qualitativamente saltare in avanti ed ad un certo punto diventare eterno, vivente in qualsiasi circostanza.

Per questo bisogna anche considerare questa legge dello sviluppo della tecnica - la tecnica può dare un sistema di modello tale che abbraccia le fasi informative della coscienza collettiva, e permette all'uomo di strutturare più velocemente la coscienza collettiva per garantire la vita eterna con certezza a tutti.

Con questo concludo la lezione di oggi. faccio gli auguri a tutti con l'arrivo dell'anno nuovo, auguro eterna armonia nella vostra vita eterna, una vita eterna di successo, e che le vostre conoscenze portino Luce in tutte le strutture della realtà.

Ora si fa un intervallo di tre minuti, dopo di che risponderò alle domande che mi sono state inviate dopo la lezione precedente.

DOMANDE E RISPOSTE

Fra le domande ho evidenziato alcune che riguardano in un certo senso il lavoro dei sistemi tecnici e che in generale sono collegate ai principi del lavoro con la tecnica.

DOMANDA

Nella prima domanda l'ascoltatore utilizzando una videocamera ha registrato delle manifestazioni insolite, soprattutto quando sovrappone il diapason dell'infrarosso, e

© Грабовой Г.П., 2015-2017

fa una domanda, in quanto da più di trent'anni si occupa dello studio di questo aspetto della realtà: - Cosa succede esattamente, perché la videocamera realmente riprende questi diversi oggetti? - Lui mi ha mandato una copia delle foto.

RISPOSTA

- Io posso dire che quando vengono guardati in generale i processi di oggettivazione della realtà esterna, per capire quali processi bisogna elaborare proprio dal punto di vista dell'assicurazione della vita eterna per tutti, perché secondo me bisogna tenere sempre presente l'obiettivo fissato, cioè, non semplicemente studiare certi fenomeni dal punto di vista della luce, ma studiare questi fenomeni con lo scopo dell'assicurazione della vita eterna, allora io consiglierei che questi oggetti che vengono ripresi dalla telecamera, vengano guardati dal punto di vista dell'intensità della luce, e in quelle parti dove la luce è più intensa, dove si sono manifestati colori più intensi, sfumature più bianche, si può vedere che la materia della vita eterna si manifesta in spazi di maggiore attività, e studiare, se fa piacere, come utilizzare in questo modo la videocamera, già da questa posizione, e approfondire dal punto di vista della lezione di oggi, nella quale bisogna cercare di collegare le manifestazioni che voi elaborate cercando di capire cosa vi danno per il vostro apprendimento, questo è il primo aspetto, e il secondo, se volete potete instaurare un contatto informativo con questi fenomeni manifestati, e quindi elaborare le vie per questo contatto sempre orientandovi all'assicurazione per la vita eterna.

Il lavoro sull'assicurazione della vita eterna è un lavoro costante, che richiede anche una costante istruzione e uno studio, per questo io suggerisco che le mie nuove lezioni vengano ascoltate possibilmente subito. Esse offrono un pilotaggio che considera l'informazione coerente di tutto il Mondo, e quando le ascoltate voi ricevete subito tutta l'informazione, in modo più concentrato, e io qui consiglio di valutare i risultati del vostro lavoro, e con ogni successiva valutazione di aggiungere criteri dell'informazione corrente dal punto di vista della reazione a questa informazione.

Avendo raccolto una certa statistica, voi vedrete lavorando con un dispositivo tecnico, che fissa per esempio le manifestazioni sul diapason ottico, vedrete la dinamica e potrete decifrare fra queste le strutture che lavorano in direzione della vita eterna. In questo modo potete accumulare il vostro personale bagaglio di conoscenza, un'esplorazione del Mondo dal punto di vista dell'assicurazione della vita eterna per tutti. -

© Грабовой Г.П., 2015-2017

DOMANDA

- Come si possono normizzare i processi nell'organismo, e con questo non diminuire la velocità di apprendimento della realtà dal punto di vista dello sviluppo della chiaroveggenza pilotante e della previsione pilotante? -

RISPOSTA

- Qui come risposta io dico che esiste il processo appartenente alla profonda interconnessione della manifestazione del Mondo esterno e delle strutture attuali, quelle che voi considerate interne alla coscienza, e succede che quando voi guardate la realtà con un certo distacco, abbracciando nella visione dei sistemi tecnici e abbracciando le strutture del Mondo esterno, integrando in voi differenti segnali, bisogna sapere normalizzare lo stato di salute in modo tale, che questo allo stesso tempo favorisca lo sviluppo della chiaroveggenza pilotante e della previsione pilotante, e in generale di tutte le strutture della personalità, incluse quelle di altri uomini.

E questo sarà il metodo più benefico per voi, cioè scegliere una tale posizione in cui non solamente normizzate lo stato di salute, ma necessariamente questo è accompagnato dall'aumento della conoscenza, è importante inserire nel futuro, anche il necessario tempo per riuscire tempestivamente anche a ringiovanirsi, oppure intraprendere una qualche misura preventiva perché non si manifestino in futuro strati sgradevoli di salute. -

DOMANDA

- Come si possono utilizzare i sistemi tecnici, escludendo la -PRK-1U - per l'auto-sviluppo e per conoscere più profondamente la tecnica o per saperla utilizzare correttamente? -

RISPOSTA

- In gran parte ho risposto durante la lezione di oggi, vorrei solo aggiungere che dal punto di vista dello sviluppo delle leggi, durante l'interazione con i sistemi tecnici, con il pilotaggio bisogna cercare di considerare dal punto di vista delle loro azioni, un fattore importante e cioè che il sistema tecnico è comunque una materia estranea, e per questo possiamo approcciare il pilotaggio ad essa, aggiungendo subito il fattore di prevedibilità, cioè, bisogna sempre fare un passo avanti nel futuro, meglio per un periodo più lungo, e vedere il sistema tecnico nella statica, appena voi riuscite a vederlo, per esempio se voi utilizzate un qualche sistema

© Грабовой Г.П., 2015-2017

tecnico, dovete vedere il futuro in cui fra questo e voi esiste una certa distanza e che questo sistema è controllabile.

Cioè esso non deve in nessun modo pesare sui vostri tessuti, deve sempre essere nella vostra percezione e nella reale visione degli eventi futuri in forma assolutamente sicura per voi, e qui è importante saper pilotare questo sistema al livello della sicurezza infinita, cioè guardando noi stessi nell'infinito livello e vedendo che nessuna tecnica produce a noi nessun problema, allora avendo questo diretto livello di pilotaggio attraverso la visione, anche di previsione pilotante, tranquillamente trattiamo qualsiasi sistema.

Si può anche aggiungere una struttura dove per esempio è assente l'influenza del tempo, e si può studiare molto serenamente , capire molto velocemente e assimilare più velocemente tutte le funzioni del sistema tecnico. Questo inoltre non è solo uno dei metodi di pilotaggio dei sistemi tecnici, attraverso questo pilotaggio si può imparare più velocemente per esempio una lingua, si può inserire tutto quello che voi state studiando nella lingua prima nella fase dinamica, e poi uscite nella fase dove il tempo è disattivato, e poi tornare nuovamente nella fase dinamica. In questo modo avviene più velocemente l'apprendimento delle lingue, e in generale di qualsiasi informazione.

Quando lavorate con i sistemi tecnici, bisogna cercare di capire a livello informativo cosa essi fanno, anche se sono molto complessi, e anche se sono super complessi, bisogna capire lo stesso meglio nei dettagli, cioè capire tutto il processo, tutto il meccanismo fisico e così via.

Quando vi ponete questo obiettivo, dovete imparare a percepire più velocemente la struttura del pilotaggio, così voi potete di conseguenza non solo pronosticare ma anche sviluppare il sistema tecnico, in modo che garantisca la vita eterna a tutti.

Succede allora che voi vi trovate realmente nella vita eterna, dal momento che la tecnica è sotto il vostro controllo.

Come conseguenza allora, la controllabilità dello spazio esterno diventa pure una questione risolta, perché si può ricostruire una tecnica che aiuta a non permettere una collisione globale, alcuna catastrofe e così via, perché spesso è utile costruire proprio una tecnica che permetta questo, e dopo completare lo sviluppo della coscienza e farlo quindi per via della coscienza, Con questo concludo la parte delle risposte alle domande, ogni bene a tutti, armonia, vita eterna di successo a tutti. Alla prossima lezione, arrivederci.

****

© Грабовой Г.П., 2015-2017

02/03/2017

INSEGNAMENTO DI GRIGORI GRABOVOI SU DIO

ASSICURAZIONE DELLA VITA ETERNA ATTRAVERSO LO SVILUPPO DI DUE VETTORI.

DIMOSTRAZIONE E TEST COLLETTIVO DEL DISPOSITIVO - PRK-1U -

Il concetto di "Vettore di sviluppo" offre la possibilità di configurare con più precisione il pilotaggio sull'assicurazione della vita eterna, e permette così di costruire in modo più corretto e preciso il pilotaggio dal punto di vista dei processi futuri.

Quindi quando parliamo di "Vettori" nel contesto dello sviluppo spirituale, si intende che la sostanza indivisibile dello spirito contemporaneamente pilota due vettori.

E così come fa Dio Creatore in tutto il Mondo, noi possiamo suddividere un unico impulso con uno sforzo di coscienza, in due differenti raggi.

© Грабовой Г.П., 2015-2017

Considerando le caratteristiche della coscienza di Dio, ossia che per Lui il pilotaggio separato o congiunto è identico, possiamo in questo pilotaggio evidenziare *oggetti che geometricamente assomigliano al numero 8*, così il numero 8 si trova in verticale, ma quando i due vettori si uniscono il numero può inclinarsi in modo orizzontale e diventare simile al segno dell'infinito. Se ragioniamo sulla forma geometrica del segno dell'infinito, diventa evidente che in una certa forma finita si presume l'infinità; allo stesso modo possiamo presumere che in ogni *esista l'infinità dello sviluppo spirituale.*

Allora certe manifestazione della realtà diventano comprensibili e trasparenti perché vediamo le loro infinite connessioni, e così noi possiamo osservare non solo i dettagli di vari processi, di varie sostanze, ma anche contemporaneamente il Macro-evento.

Allora possiamo considerare che il corpo fisico con la stessa qualità reagisce al Mondo esterno, cioè il corpo è in grado di percepire i micro-eventi informativi e contemporaneamente anche il Mondo circostante.

Possiamo qui osservare una tale caratteristica della Coscienza di Dio, che nel momento dell'azione primaria, di fronte a Lui possono esistere tante realtà, questa è una caratteristica propria anche dell'uomo, però in Dio si può osservare il

© Грабовой Г.П., 2015-2017

seguente processo, che i due vettori possono essere assolutamente identici, mentre l'azione dell'uomo presume concentrazioni in due differenti azioni.

Se in modo simile a come agisce Dio, equipariamo queste due azioni, noi alla fine raggiungiamo un livello infinito dell'azione, che caratterizza la sostanza dell'azione di Dio, in cui la Sua azione verso qualche elemento finito contiene un'azione infinita che si riflette e agisce su tutto il Mondo. In questo modo si può per esempio informare il "Vettore di luce" proveniente dalla parte sinistra del corpo, come azione su obiettivi concreti, mentre il vettore spirituale di luce, proveniente dalla parte destra del corpo si può informare come vettore dell'azione infinita.

Attraverso la loro *unificazione in un punto fuori dal corpo fisico*, noi possiamo entrare nella sostanza di qualsiasi evento, e basandoci con la coscienza sulla forma concreta del simbolo dell'infinito, oppure del numero 8, in un contesto calmo e comodo, possiamo osservare qualche dettaglio degli eventi, sia a livello fisico che a livello informativo, e qui comincia ad apparire il vantaggio di poter lavorare con due vettori di sviluppo spirituale.

Così, come abbiamo introdotto nell'informazione dell'evento il numero 8 e il segno dell'infinito, e attraverso la

© Грабовой Г.П., 2015-2017

percezione di questi due segni abbiamo visto l'evento nella sua sostanza, allo stesso modo noi possiamo in modo inverso, proiettare la luce degli eventi su questi segni, e con questo proiettare il campo infinito degli eventi verso il segno dell'infinito, o invece proiettare le forme finite degli eventi percepiti dalla coscienza, verso il numero 8, e allora noi otteniamo la possibilità del passaggio dell'informazione di questi eventi nel punto corrente di pilotaggio, nel tempo presente, verso di noi.

Questo passaggio di ritorno avviene attraverso una certa materia, e questa materia è la materia della vita eterna, la possibilità di lavorare con questa materia vi assicura la vita eterna, e così come agisce Dio quando nel pilotaggio può uscire sia nel tempo futuro che nel presente, oppure nel passato, così da questa materia si può allo stesso modo uscire nel pilotaggio nei processi di qualsiasi arco temporale, cioè, come nel passato, così nel presente e nel futuro. Qui la caratteristica temporale ha il significato di spazio.

In base alle caratteristiche della coscienza unita allo spirito, si può in questa tecnologia entrare negli spazi temporali di pilotaggio allo stesso modo in cui per esempio potete muoververi con il corpo fisico nello spazio. Per fare questo su base spirituale bisogna percepire gli archi temporali come una struttura dello spazio, e in riferimento a tutto ciò il

© Грабовой Г.П., 2015-2017

pilotaggio si semplifica, perché spostarsi nello spazio rende più facile orientarsi.

Unificando qui il punto dello spazio con il vettore temporale, voi potete percepire come Dio ha diviso le coordinate del tempo e dello spazio, e cercare di capire il senso profondo del perché l'abbia fatto, qui si può vedere la logica del pensiero di Dio che ha creato il Mondo, se ci muoviamo dal livello inverso, come ci siamo mossi dalla struttura dell'evento verso di noi, attraverso l'immaginazione materiale in forma di segni dell'infinito e del numero 8, allora si può in questo movimento attribuire al vettore del proprio sviluppo personale, in ogni suo momento di sviluppo, le funzioni dell'infinità, così come nel caso di Dio - ogni Sua azione ha le caratteristiche dell'infinità.

L'obiettivo è quello di conciliare l'azione con il corpo fisico, e quando voi cominciate a sentire in questo modo il vostro corpo fisico, dove l'elemento dell'infinità può essere il vostro pensiero, la vostra percezione, allora sul secondo vettore dell'azione voi potete trasferire in questa infinità anche la materia del vostro corpo fisico, voi di fatto chiudete i due vettori dell'infinità su di voi, sul vostro corpo fisico. Otteniamo così lo strumento che permette attraverso due parametri, che di fatto sono già inseriti nella vostra

© Грабовой Г.П., 2015-2017

percezione, questa è la percezione di se nel Mondo circostante attraverso la **struttura d'amore**, che si introduce in tutte le strutture del Mondo, di percepire qualsiasi evento, ma già nell'azione pilotante. Qui è importante evidenziare che questa azione pilotante è proprio la realizzazione della vita eterna, cioè, la stessa materia di pilotaggio - essa è la vita eterna.

Allora voi potete logicamente, evidenziare subito questa struttura, e attraverso l'informazione dei due vettori potete creare da questa materia sia i "micro-eventi" che i "macro-eventi"

Imparando a lavorare tecnologicamente nell'ambito di quanto detto in questo webinar con questo processi, per esempio iniziando in modo consecutivo a fare come ho detto nel webinar, e finendo con il pilotaggio su un obiettivo concreto, si può vedere che con questo tipo di pilotaggio nei confronti di qualsiasi obiettivo, appaiono i vettori dove è concentrata la materia della vita eterna.

In questo modo si può vedere il processo più ampio, unificato, dove l'azione attraverso la materia della vita eterna crea una pressione vettoriale di pilotaggio più potente della realtà. In questo modo questo strumento tecnologico può essere utilizzato per assicurare la vita eterna a tutti.

© Грабовой Г.П., 2015-2017

Con questo io concludo il webinar di oggi e voglio aggiungere alcuni dettagli sull'applicazione del test del dispositivo - PRK-1U - che sono legati a quanto detto nel webinar.

Qui nello sviluppo della concentrazione per la vita eterna riguardo al ringiovanimento, bisogna fare il seguente pilotaggio - bisogna che la luce dell'Anima che si trova nel corpo fisico, attivi contemporaneamente la luce di tutte le cellule del vostro organismo, e questo va percepito con la vista spirituale.

La seconda concentrazione - è lo sviluppo della concentrazione della vita eterna, riguardo a qualsiasi evento - considerando le conoscenze ricevute oggi nel webinar, dovete concentrarvi sulla sostanza dell'evento e osservare nello spazio di ogni evento la luce della vita eterna, poi con la forza della volontà, trainare questa luce più vicino al vostro corpo fisico e configurare la luce in modo che prenda la forma di una sfera di color bianco argenteo vicino al vostro corpo fisico e inoltre bisogna porre in gli obiettivi concreti che per voi sono più attuali in realizzazione.

Il seguente pilotaggio è - lo sviluppo della concentrazione della vita eterna riguardo la chiaroveggenza pilotante - in

© Грабовой Г.П., 2015-2017

questo pilotaggio insieme alla chiaroveggenza, bisogna sintonizzare un vettore spirituale in modo che si vedano tutte le strutture di microsostanze degli oggetti che vi circondano, e sintonizzare l'altro vettore in modo che, contemporaneamente alla micro-struttura, si vedano tutti gli eventi, compresi quelli fuori dalla vista fisica, e appaia lo stesso effetto di come vede Dio, che non viene limitato da nessun ostacolo.

Lui vede contemporaneamente sia la struttura interna della sostanza, sia la manifestazione fisica della sostanza, ma qui la vita viene percepita solo come eternità e tutte le manifestazioni diventano trasparenti e raggiungibili, proprio attraverso la vista spirituale, cioè con l'utilizzo del dispositivo bisogna imparare proprio ad avere questo stato, che è lo stato della vita eterna.

Siccome questo è solo uno degli stati d'essere nella vita eterna, bisogna utilizzarlo preparandosi all'utilizzo del successivo stato d'essere della vita eterna, il successivo stato d'essere nella vita eterna si può percepire nella - concentrazione per la vita eterna riguardo alla previsione pilotante - in questo pilotaggio bisogna attribuire al primo vettore le funzioni di impostazione dell'obiettivo del pilotaggio, mentre al secondo vettore bisogna attribuire la

© Грабовой Г.П., 2015-2017

seguente caratteristica: - bisogna percepire i processi del futuro in modo tale che siate voi a partecipare alla costruzione degli eventi futuri, similmente a quando voi vedete un certo volume di lavoro fisico, voi potete immaginare più o meno quanto vi peserà farlo e le vostre future sensazioni, quando voi farete questo lavoro, e non necessariamente un lavoro fisico, potete immaginare anche un lavoro intellettuale.

Cioè il lavoro della vostra coscienza e del vostro spirito nel futuro. Dovete percepirlo in modo molto reale, come se lavoraste già nel presente, e aggiungendo dal primo vettore periodicamente una correzione a questo "lavoro in corso" si può aumentare al massimo la quantità di parametri che danno la vita eterna, ma questo come è stato detto nel webinar, è il modo in cui l'azione attraverso la struttura della vita dà molte successive azioni, post-azioni, che si espandono su tutti.

In questo caso il principio simile: qui la struttura futura del Mondo, bisogna percepirla proprio come la struttura dell'eternità, e allora voi vi assicurate gli eventi nell'eternità, in presenza di qualsiasi componente della vostra azione in cui c'è un obiettivo d'azione. Siccome esiste un determinato obiettivo Divino d'azione nella vostra nascita, allora di fatto questa si espande su qualsiasi azione a livello cellulare, di fatto su tutto l'organismo, che nell'insieme assicura la vita eterna.

In questo modo voi ottenete lo stato di essere nella vita eterna legato agli eventi correnti, e dovete certamente e cercare di ricordare e praticare questo stato, come uno degli stati, perché più stati d'essere della vita eterna voi assimilate e praticate, più mezzi di garanzia della vita eterna realizzate in ogni momento.

Considerando che lo stato della vita eterna non è uno stato di trance o uno stato alterato di coscienza, ma è una semplice logica di pensiero, allora si può applicare questo stato in qualsiasi momento della vita quotidiana, così come quando voi fate qualcosa contemporaneamente pensando anche ad altro, oppure potete pensare contemporaneamente a più processi.

Ora giro la videocamera sul dispositivo e come forse vi è stato già detto, prima si inizia con il dispositivo spento a lavorare su questi quattro pilotaggi, e dopo vi dirò quando accendo il dispositivo, e a quel punto voi potete continuare oppure ricominciare da capo dal primo pilotaggio.

Perché i risultati siano più unificati, perché l'informazione sia più unificata, si prega di mandare i vostri risultati e le

© Грабовой Г.П., 2015-2017

testimonianze al nostro centro, oppure ai contatti che vi sono stati dati dagli organizzatori.

Le persone che vogliono fare il test individuale, possono prenotarsi presso gli organizzatori, ringrazio tutti quelli che hanno partecipato, ringrazio Gian piero Abbate e tutti quelli che hanno partecipato all'organizzazione.

Auguro a tutti una felice vita eterna.

© Грабовой Г.П., 2015-2017

INTERVISTA A GRIGORI GRABOVOI DEL PROF. MICHAEL FRIEDRICH VOGT -

QUER- DENKEN - TV

AGOSTO 2017

Cari spettatori, il prossimo incontro sarà molto speciale. Il mio ospite è uno delle persone più eccezionali sul pianeta, uno delle persone più eccezionali in Russia, ed è con grande piacere ed un assoluto onore avere l'opportunità di parlare con lui personalmente.
Benvenuto!

Grabovoi G.P. - Beh, vorrei ringraziarla per l'opportunità che mi sta dando con questa intervista. Desidero presentarmi brevemente: mi chiamo Grigori Petrovich Grabovoi, sono nato il 14 Novembre 1963 nel villaggio di Bogara di Kirov, distretto di Kirovsky di Chimkent, nella regione del Kazakhstan. Mi sono diplomato nella scuola di Kazakhstan, e mi sono laureato alla Tashkent State Univesity in Meccanica alla Facoltà di Matematica Applicata e Meccanica. Ho lavorato quindi nel Tashkent Design Bureau

© Грабовой Г.П., 2015-2017

di Ingegneria Meccanica, questo è un Ministero di Ingegneria Meccanica Generale dove si tratta principalmente la strumentazione spaziale, oggetti vari connessi complessi orbitali. Dopo di che ho lavorato nel Complesso di Ricerca Scientifica "Scientific Centre" come capo degli studi post laurea. Ora sto lavorando in Spagna nel campo della strumentazione spaziale. Nel contempo, sviluppo i miei Insegnamenti, indirizzati ad assicurare la vita eterna per tutti. Di conseguenza, conduco ricerche scientifiche a riguardo, creando mie apparecchiature come il PRK-1U – un congegno per lo sviluppo della concentrazione della vita eterna. E posso anticipare che ho brevettato le invenzioni nel campo della strumentazione per dare la possibilità alla gente di usare questo apparecchio.

Domanda: Come è arrivato, diciamo, a questa chiamata? A che età si è manifestata? E come hanno reagito le persone, l'ambiente, a queste abilità speciali, a questa chiamata?

Grabovoi G.P. – In primo luogo, pensavo che veder accadere le cose ad una certa distanza da me, qualcosa di non visibile alla vista fisica, fosse nella norma, quindi i miei piccoli coetanei mi chiedevano spesso dove si trovasse questo o quello. Io glielo riferivo tranquillamente sempre nella convinzione che tutti potessero farlo. Scoprii più tardi che questa abilità si chiamava chiaroveggenza. E la usai più specificatamente durante gli anni scolastici quando potevo dare risultati senza dover risolvere i problemi. Era quindi già oggettivata questa mia abilità speciale e tutti reagivano in modo positivo. Per esempio i miei compagni di scuola mi chiedevano consigli, esiste perfino un video girato a casa mia nel Kazakhstan dove i miei compagni ricordano che avevo detto a qualcuno di non camminare su certi tronchi perché c'era il rischio che cadesse, e non avendomi ascoltato, quello cadde. Quindi mi vedevano come una persona che con i suoi consigli cercava di aiutare e l'atteggiamento era dunque buono. In fin dei conti è utile possedere questa abilità in aggiunta a ciò che può essere fatto in modo logico.

Domanda: Ci sono parecchie persone attualmente impegnate nello studio della consapevolezza. Cosa distingue e differenzia il suo approccio a questo lavoro da quello degli altri ricercatori?

Grabovoi G.P. - La ricerca della consapevolezza da parte delle persone è sinonimo di una necessità generale di progresso. Nei miei studi parto da ciò che riguarda me specificatamente, ovvero, dalla chiaroveggenza controllata o dal controllo di previsioni, perché queste sono le mie certezze. Quindi faccio ricerche scientifiche. Possedendo

© Грабовой Г.П., 2015-2017

un'educazione di fisica e matematica, procedo appunto con calcoli fisici e matematici, brevettando nel contempo i risultati dei miei lavori. Pertanto, uso la scienza ortodossa, che mi rende possibile oggettivare parecchi processi. Nei casi in cui la scienza ortodossa e rinomata non fornisce soluzioni esatte, creo mie proprie strutture fatte di scienza e di ricerca, integrando in questo modo il campo di ricerca per ottenere risultati. L'obbiettivo di tutte queste azioni è assicurare la vita eterna per tutti. E pertanto questa prassi abbonda in risultati pratici, che io oggettivo sia attraverso la scienza, il mio personale intervento e le vaste attività dei miei sostenitori.

Domanda: I media spesso associano il suo nome a "Beslan". Quali furono i veri problemi, cosa si nasconde dietro tutto questo, visto che se ne scrisse e parlò parecchio a suo tempo?

Grabovoi G.P. – Dunque, dopo la tragedia di Beslan, dopo l'attacco terroristico, una causa criminale venne aperta il 20 Aprile 2006. Fu registrato nella stesura del caso che delle cosiddette promesse di resurrezioni bambini di Beslan erano state lanciate. Tuttavia tutto finì, dopo accurate indagini svolte dall' ufficio del procuratore e anche come risultato di indagini giudiziarie, in un proscioglimento datato 7 Luglio 2008, perché risultò perfettamente chiaro che non

© Грабовой Г.П., 2015-2017

c'erano state vittime in Beslan, e quindi quell'informazione venne smentita. In aggiunta, nel contesto del codice della procedura penale, l'avvocato Vyacheslav Konev inviò dei questionari alle vittime dei terroristi che risposero tutti all'unanimità che a loro nessuno aveva fatto alcuna promessa. Quindi, secondo il pregiudizio del verdetto della corte, fu evidente che quest'informazione non era convalidata e, di conseguenza, venne smentita dalla magistratura.

Domanda: In questo caso, siamo di fronte, a ciò che si direbbe in gergo "false notizie", una bugia congegnata per ottenere il risultato di mal informare la gente attraverso i media?

Graboboi G.P. – Si. E' accaduto in modo da lanciare un significato pregiudizievole del verdetto, basato su una chiara mal informazione.

Domanda: il 23 Maggio 2017, c'è stata anche una "falsa" negativa previsione riguardante la Germania, e il suo avvocato Vyacheslav Konev, ha presentato una denuncia. Che ragione sospetta per un tale messaggio? E che reazione c'è stata alla querela del suo avvocato?

Grabovoi G.P. – Beh, anche in questo caso è risultata un'informazione irragionevole e falsa dei media. La prima è arrivata da una pubblicazione Ucraina che informava che io avevo fatto una previsione riguardante la Germania. Riferiva che io avrei dichiarato che in un prossimo futuro avrebbe avuto luogo una disunità feudale. Ora, in primo luogo, chi ha scritto la previsione probabilmente non è al corrente che se controlliamo il contesto scolastico, e cioè il feudalesimo, esso è ormai passato e defunto da tempo e quindi sarebbe impossibile per me aver fatto una tale dichiarazione. Ora, avendo la fortuna di possedere un'educazione superiore ne conosco le leggi economiche ed è ovvio che la Germania, che è titolare di un'intensa e all'avanguardia produzione scientifica, si svilupperà naturalmente in tal senso secondo le proprie capacità. Ed è anche assolutamente logico pensare che è completamente falso il concetto di frammentazione territoriale in tale contesto. Quindi, anche tenendo conto della mia educazione economica, non avrei mai potuto fare una tale previsione. A seguito della querela del mio avvocato, poiché per il momento risultiamo essere in zona protetta, per così dire, molto del materiale, anche su Internet, è stato ritirato. In futuro continueremo su questo percorso lavorativo fino a neutralizzare questo processo di falsità.

Domanda: Su Internet corre voce che qualcuno sia spiritualmente in contatto con lei e distribuisca informazioni a suo nome. E' così? E' possibile? E, in generale, è permesso questo?

Grabovoi G.P. – Be, lo considero inappropriato riferirsi a me senza esserci mai stato contatto fisico. Poiché ognuno ha la propria opinione sulla ricezione di informazioni spirituali direi che tale atteggiamento sarebbe proprio inaccettabile. E' molto più semplice mettersi in contatto con uno dei miei uffici e chiedere specifiche informazioni, a cui potrei rispondere anche personalmente, per esempio.

Domanda: Su Internet è anche possibile leggere che il suo numero di passaporto è identico alla sua data di nascita. E' una coincidenza? Ed è un buon segno o non c'è niente di vero?

Grabovoi G.P. – Controllerò il numero. Comunque mi sembra che solo uno si intersechi sul passaporto e questo è il numero quattro. In questo caso, posso solo dire, che parlando in generale, alcuni dati riguardanti l'intersecazione di alcune cifre in diverse aree d'informazione hanno sempre una funzione di controllo. Ed è sempre possibile controllare qualsiasi numero in modo ottimale. Pertanto, non penso che

© Грабовой Г.П., 2015-2017

dei numeri simili siano da considerarsi una intersecazione d'informazione che richieda un qualche tipo di fissazione. Ho notato, mentre lavoravo in Spagna nel campo della strumentazione spaziale, che esistono alcuni compiti in cui è necessario eseguire alcune mansioni attuali o urgenti a livelli programmati. E qui, l'uso del cosiddetto controllo digitale su termini o analisi riguardanti la parte economica - sempre analizzando la parte produttiva dove sono usati i numeri - in alcune strutture complesse, è possibile, basandoci sulle norme economiche attuali, usare studi analitici o digitali, oppure, basandoci su altre mansioni, per esempio: per produrre velocemente un articolo il cui disegno risulta difficile. Quindi, per rispondere alla sua domanda, è possibile dire che è necessario studiare la reazione dei sistemi digitali, di usarli in modo analitico, pur restando sempre in controllo di questi sistemi.

Domanda: Parliamo del suo lavoro di ricercatore della consapevolezza: la persona nel controllare gli eventi, dove sono i limiti, ossia, ne esistono di limiti?

Grabovoi G.P. - Non penso esista alcun limite poiché la consapevolezza può essere sviluppata all'infinito, la logica della cognizione ne è testimone. E visto che sono occupato in tecnologie di vita eterna, ho sempre presente il compito dell'illimitato sviluppo della consapevolezza di tutti, come possibilità di successo da parte di tutti.

Domanda: Il controllo, è qualcosa che tutti possono imparare? E' possibile dividere le persone in quelli che possono e quelli che non possono? E' possibile, in caso di necessità, per tutti impararlo?

Grabovoi G.P. - Beh, come la vita è stata donata a tutti per l'eternità, rispettivamente, tutti sono nati con l'intero arsenale di controllo, che gli permette intrinsecamente di vivere in eterno, se non inizia a dimenticare alcuni elementi di intimo sviluppo, o se non accende tempestivamente qualche meccanismo di controllo. Quindi, io considero fattibile che tutti possano fare questo senza alcuna eccezione. Il mio compito è far si che le persone scoprano il meccanismo che gli permette di rendersi conto di essere veramente in grado di eseguire qualsiasi azione. In questo modo possono essere creativamente molto illuminati al momento giusto, in altri momenti possono restare calmi e in generale possono vivere in eterno mantenendo un normale stile di vita come tutti. E questo significa anche non avere restrizioni. Tutti possono imparare ciò che è necessario, ottenere abbastanza conoscenza, nel momento giusto e della quantità necessaria per vivere in eterno.

© Грабовой Г.П., 2015-2017

Domanda: Qual è il suo contributo, ovvero, deve esserci un suo contributo nell'aiutare la gente a imparare. E' possibile farlo con solo il suo aiuto?

Grabovoi G.P. – Per il momento ho ideato un programma per i miei Insegnamenti che agisce come Programma Educativo Standard. Molti miei lavori sono stati pubblicati e tutti i lavori inclusi nel programma sono stati pubblicati. Quindi alla portata di tutti. Il programma è costruito sul principio che i miei lavori sono elencati in ordine di date crescenti. Quindi, come ogni programma educativo presentato sotto forma di testo, non necessita di una mia personale partecipazione, eccetto in alcuni casi, dove è necessario elargire alcune spiegazioni, ma questo è raro perché il programma è strutturato in modo che la persona riesca a trovare le risposte da solo. Comunque, posso aggiungere che la mia partecipazione è richiesta come contributo a nuova conoscenza attraverso nuovi libri che possono essere distribuiti tramite Internet, e in cartaceo.

Poiché il mondo sta cambiando, considero mio dovere osservare in tutte le aree informative esistenti nel mondo, unirle insieme da qualche parte e prevedere le loro interazioni, e io questo lo posso fare naturalmente. Ma in questo momento posso farlo solo nelle parti concernenti i miei lavori per svilupparli ulteriormente. Quindi, in questa parte, è utile a tutti coloro che stanno studiando secondo il programma standard, di tanto in tanto, tenersi aggiornati con il nuovo materiale che io metto a disposizione.

Domanda: Da un certo numero di anni Carola Sarrasin sta divulgando la sua conoscenza, i suoi Insegnamenti attraverso il Progetto Tailandia, nel nord della Tailandia, lo insegna e lo rende disponibile alla gente: che prospettive vede nel Progetto Tailandia, in quest'avventura di Carola?

Grabovoi G.P. – Beh, Carola Sarrasin ha fatto molto in Tailandia e in generale anche in Europa, dove ha lavorato in precedenza, nella divulgazione degli Insegnamenti. E posso aggiungere che il Progetto Tailandia include molte aree primarie nel campo dello sviluppo fisico e spirituale tramite lo spirito appunto, dove i canoni della vita eterna sono in pratica trasmessi in una forma chiara che può essere studiata nell'atmosfera tranquilla e pacifica della Tailandia. Per via del mio lavoro nella strumentazione spaziale non ho ancora avuto l'opportunità di andare a lavorare là personalmente, ma spero di riuscire a tenere, in futuro, dei corsi formativi, magari anche brevi, in molti territori, compresa la Tailandia. E a questo riguardo posso dire che visto come le tecnologie dei miei Insegnamenti, attraverso il Thai-project, sono accuratamente divulgate, mantenendo addirittura un livello

© Грабовой Г.П., 2015-2017

universitario all'interno di un contesto di un curriculum standard, questo progetto può essere considerato come la struttura educativa base per le Università che sto creando in diverse parti del mondo. Quindi questo progetto risulta essere molto importante e significativo poiché trasmette un'accurata conoscenza della vita eterna ad un vasto numero di persone.

E ideologicamente e concettualmente corrisponde esattamente a compiti relativi a civiltà, in generale, indirizzate verso lo sviluppo sostenibile di un'assicurazione di vita eterna.

E' per questo che sono molto grato a Carola Sarrasin, e, in generale, a tutti coloro che sono occupati nell'organizzazione del processo educativo del Thailand Project. Credo anche che chiunque abbia l'opportunità di studiare specificatamente nel contesto di questo progetto sia molto promettente poiché esso può essere considerato potenzialmente alla pari di un programma Universitario.

Domanda: Carola è pronta ad organizzare un grande incontro con persone che lavorano con la sue conoscenze e che le sono infinitamente grate. E' possibile che lei vada a questo incontro in Tailandia?

Grabovoi G.P. – Come ho già detto, sarei entusiasta in futuro di presenziare ad un tale evento. Purtroppo ora sto

© Грабовой Г.П., 2015-2017

lavorando in un campo di strumentazione spaziale che tratta alcuni prodotti piuttosto segreti, quindi al momento non ho la possibilità di lasciare tutto e partire per la Tailandia. Comunque mantengo questo potenziale sempre presente per un prossimo futuro poiché vorrei anche visitare la Tailandia con la prospettiva di assistere sul posto alla struttura che avviene durante l'armonizzazione dell'ambiente nel processo educativo.

Domanda: Molti scienziati e altri ancora dichiarano che stiamo vivendo in un momento particolarmente speciale e che avverrà una specie di salto quantico che cambierà, sulla terra, la vita fisica, la gente e la consapevolezza. Come dovremmo considerare questi argomenti sul salto quantico?

Grabovoi G.P. – Durante il periodo sia scolastico che universitario ho studiato il tedesco, e un giorno ho letto, in tedesco, un libro che descriveva la meccanica quantistica come un'energia di livello superiore. Ora, riconoscendo l'esistenza di un principio di dualità nell'organizzazione della materia, e cioè, micio sostanze che al micio livello possono essere osservate sia come particelle che come onde, possiamo certamente dire che questo senso di marcia è di enorme importanza in generale, sia dal punto di vista fisico che dal punto di vista di accrescere lo status generale energetico, che

© Грабовой Г.П., 2015-2017

viene appunto considerato in forma di salto quantico. E' chiaro che esiste sia il punto di vista generale che quello professionale. Per esempio, io (all'università disponevamo di un corso annuale in meccanica quantistica) posso sostenere, dal punto di vista di rinomata conoscenza ortodossa e dal punto di vista di percezione generale in questa direzione (il salto quantico,) che per risolvere problemi nel rialzo di certi livelli energetici riguardanti infinite questioni di vita, questa è in effetti l'unica, fondamentale, e vera direzione di sviluppo da intraprendere.

Per questo motivo, io sto ora appunto creando tecnologie che rendano possibile, in termini di un salto quantico, l'accrescimento del livello energetico per poter raggiungere in modo tempestivo (questo è incluso nel programma di formazione) un livello energetico superiore. Con l'aiuto anche di alcuni congegni, tra cui l'apparecchio per lo sviluppo della concentrazione della vita eterna PRK-1U, sarà possibile addestrare la gente in modo più veloce, anche coloro che non hanno familiarità con questo lato della vita. Naturalmente il compito di apprendere la vita eterna per tutti è senza tempo. E a questo riguardo posso affermare, in tutta sincerità, di progredire in questa direzione cercando di rendere questi criteri accessibili a tutti.

© Грабовой Г.П., 2015-2017

Domanda: Questi enormi cambiamenti, questo salto quantico, diciamo, avrà effetto su tutte le persone? E se no, cosa accadrà a quelle persone che resteranno a secco per mancanza di conoscenza, loro non saranno influenzati da esso, e che cosa gli accadrà?

Grabovoi G.P. – Il punto è, che il concetto di un salto quantico visto come livello energetico più voluminoso e più saturo viene applicato a tutti dal punto di vista di prospetti e necessità di strutture fondamentali del mondo, e cioè, la necessità di una vita eterna per tutti. Quindi è naturale che questo livello qualitativamente diverso – dove il futuro infinito dona un enorme flusso di energia - riguardi tutti quanti. Un'altra questione è la necessità di avviare un esteso lavoro di propaganda, dove viene spiegata con precisione la situazione, indirizzata in varie direzioni, sia dal punto di vista della fisica ortodossa che dal punto di vista del concetto generale di salto quantico, in modo da rendere perfettamente chiaro a tutti che ogni ostacolo può essere superato.

Per esempio, dal punto di vista della meccanica quantistica, se osserviamo l'equazione di Schrodinger per la meccanica quantistica appunto, posso affermare che esistono alcune soluzioni che rendono possibile la conclusione di problemi inerenti la meccanica quantistica che finora sono ancora

© Грабовой Г.П., 2015-2017

irrisolti. Ma in generale, i potenziali della scienza: matematica, fisica ed altre aree scientifiche sono molto qualificati per aiutare tutta la gente a livello scientifico.

Mentre a livello di sviluppo spirituale, tutti naturalmente, attraverso l'addestramento del mio programma d'insegnamento, possono prepararsi autonomamente per accedere a questo livello di percezione, dove un infinito futuro apre l'accesso ad un nuovo livello di energia. E quando una persona intravede i suoi orizzonti egli è libero e può vivere in eterno. Quindi, a mio avviso, qui vengono affrontati argomenti riguardanti cognizione, educazione, e questi possono essere padroneggiati tramite mezzi noti che sono molto efficaci e garantiscono il conseguimento del risultato.

Domanda: Si tratta del processo globale di trasformare la realtà, forse anche di creare una nuova realtà: qual' è il suo contributo a questo processo, e qual è il suo non tanto facile compito a questo proposito?

Grabovoi G.P. – Beh, come ho anticipato, io sono occupato nel realizzare la vita eterna per tutti. E dal punto di vista della trasformazione della realtà, in questo caso, parliamo di maggior conoscenza, altamente specializzata, che dovrebbe essere accessibile a tutti, per assicurare vita eterna. Anche se

© Грабовой Г.П., 2015-2017

il concetto di ristretta specializzazione, sempre in questo caso, sta ad indicare un percorso costante in quest'area di vita eterna.

Ed io sto cercando, nel contesto di questo preciso compito, di contribuire, tramite le mie abilità e la pubblicazione costante dei miei lavori, a ciò che vedo in modo da insegnarlo ad altri. Questo gli permetterà, praticamente, di vivere una normale, naturale, vita sociale che non è diversa dalla solita vita umana, però è qualitativamente più ricca di conoscenza. Gli insegnamenti questo lo permettono con l'ausilio di un esteso allenamento. Per esempio la mia raccolta di 6 insegnamenti "Pratica del controllo. La via verso la salvezza", che include le ricerche sia mia che dei mie sostenitori, come i risultati degli studenti, indica chiaramente che le persone spesso, in modo semplice e veloce, comprendono e apprendono questo indirizzo di sviluppo.

Come ho già sottolineato oggi, questo è inerente alle abilità innate di ogni persona, e in questa connessione, si tratta solo di padroneggiare la necessaria conoscenza in modo tempestivo, e questo è quello che i miei Insegnamenti sono in grado di fare. Nel frattempo, sempre per aiutare, cerco di sviluppare aree tecnologiche, come il campo di strumentazione spaziale, per controllare lo spazio esterno in previsione di qualche oggetto problematico proveniente dal cosmo. Ecco perché oggi, qui, ho inserito il discorso delle

© Грабовой Г.П., 2015-2017

mie tecnologie, che ho sviluppato, avendo lavorato nell'area sviluppo sistemi satellitari e strumentazione spaziale del Ministero di Ingegneria e Meccanica Generale. Procedo in questo lavoro, brevettando i miei congegni e registrando i miei marchi di fabbrica, da cui provengono anche la costruzione di veicoli spaziali. E sviluppo tecnologie in strumenti d'ingegneria spaziale per assicurare alle persone la transizione ad un livello qualitativamente superiore di vita, in modo da ottenere, non solo la vita eterna in ambito terrestre, ma anche un certo controllo sullo spazio esterno.

Quindi ritengo che un maggior numero di persone, di buona volontà, dovrebbe partecipare consapevolmente a questo processo di cambiamento verso un sistema sociale gioioso e oggettivamente più ricco di serenità, bontà, ed eventi positivi. Questa farebbe un enorme differenza in qualità di vita.

Domanda: Lei ha portato qui oggi l'apparecchio PRK-1U che viene presentato come il risultato delle sue ricerche scientifiche ed un modello di congegno del futuro. Quale è il suo scopo? E' come può essere usato?

Grabovoi G.P. - L' apparecchio per lo sviluppo della concentrazione della vita eterna PRK-1U è stato creato in conformità ai miei due brevetti. Il primo è "Metodo di

Prevenzione catastrofi e il congegno per la sua realizzazione " e il secondo "Sistema Formativo Portante".

All'interno di questo metodo, dove la persona genera un *bio-segnale* , come descritto nel brevetto, orientato verso un sistema ottico che provvede ad amplificare questo bio-segnale. Secondo il brevetto "Sistema Informativo Portante", il sistema opera in modo che il segnale venga trasmesso praticamente istantaneamente aumentandone l'azione, cioè, la seconda azione sussegue la prima quasi immediatamente.

A seguito di queste azioni combinate subentra un notevole aumento di potere di controllo che corrisponde al concetto soprannominato, salto quantico, un alto livello di energia, che grazie al pensiero della persona diventa più produttivo; i pensieri sono accelerati, e, con la pratica continua, nelle persone, si sviluppa la chiaroveggenza. La differenza nella 'chiaroveggenza controllata' sta nel fatto che la persona vede qualcosa, a grande distanza, d'invisibile agli occhi, e contemporaneamente, con lo sforzo di volontà, lo dirige verso un esito positivo, dal punto di vista della vita eterna, dell'eterno sviluppo. Il controllo della previsione si sviluppa in modo simile, e riguarda il futuro.

Miglioramenti significativi avvengono negli eventi che la persona risolve, sia nella sfera spirituale che fisica, incluso ciò che riguarda l'organismo umano. E si può modificare il congegno indirizzandolo verso trattamenti medici, dove la

© Грабовой Г.П., 2015-2017

concentrazione consapevole è meno necessaria, ma il lavoro è più autonomo e sistemi ottici più avanzati. La modifica a questo apparecchio in aggiunta (qui è già stata fatta) ha un altro bottone per la prossima accelerazione, che corrisponde ai livelli funzionali del salto quantico e alla fornitura, attraverso mezzi tecnici, della realizzazione dell'esatto sistema richiesto in questo salto quantico. Inoltre qui uso il sistema digitale, posizionato vicino alle lenti (la prossima modifica), ci sono i numeri per poter lavorare con le sequenze, che ho pubblicato con vari indirizzi di controllo.

Allo stesso tempo, ci sono livelli indipendenti di controllo che interagiscono con i sistemi ottici, perché il problema della tecnologia del futuro è risolta.

Se il sistema di alimentazione, il campo elettromagnetico non ha energia, per esempio e l'alimentatore non funziona, il sistema deve continuare a lavorare infinitamente, per l'eternità. I sistemi digitali nell'interazione con i sistemi ottici creano un certo livello quantum-meccanico, che rende possibile a chi lo usa di continuare a lavorare, in tal modo assicurando l'eternità alle sue azioni, e a lui una vita eterna.

Ora, questo è l'equipaggiamento, che io considero, di nuovo livello, di una generazione nuova che rende possibile la risoluzione di problemi che, nel bisogno, richiedono una gran quantità di energia e la possibilità che questa energia - queste azioni - siano governati dalla Consapevolezza umana.

© Грабовой Г.П., 2015-2017

Domanda: A quale pubblico è destinato? Questo congegno per chi è inteso?

Grabovoi G.P. – Beh, questo equipaggiamento è stato disegnato (questo PRK-1U in particolare) ad uso di tutti. Come ho già detto, ogni persona possiede le potenziali capacità di vita eterna, ma non tutti riescono ad aprirsi verso questo percorso. Ed ecco il perché del PRK-1U. Esso rende possibile l'apertura di qualsiasi persona, che in precedenza non si sia mai posto il problema della vita eterna. Però può essere usato anche da coloro che si sono già spiritualmente sviluppati poiché espande la concentrazione di vita eterna dal livello già esistente, quindi a questo scopo, è una risorsa infinita.

Questo apparecchio è predisposto come segue: quando la persona ha imparato ad usarlo secondo le indicazioni, può semplicemente spostarsi ad un livello superiore. E' ciò che la persona ha appreso da esso rimane come suo apparato personale di controllo. Quindi può essere considerato come un sistema di addestramento per la risoluzione di problemi inerenti alla vita eterna. Indispensabile quindi per coloro che vogliono accrescere un certo sviluppo poiché essi saranno in grado di usarlo in modo ancora più efficace. Per esempio, quando si lavora con le versioni modificate dell'apparecchio dove esiste già un altro bottone, e le cifre, questi accelerano l'azione del congegno, le amplificano, e ho notato, che

© Грабовой Г.П., 2015-2017

quando le persone si concentrano sull'apparecchio, seguendo le indicazioni, essi si sviluppano spiritualmente incrementando maggiormente le loro risorse; ed anche le risorse dell'apparecchio vengono incrementate e si possono aggiungere campi variabili elettromagnetici, spostando i componenti ottici per potenziale il lavoro. E quando il processo di adeguamento è finito la persona riceve un apparecchio potente che lo può aiutare ad evolvere velocemente. Ma tutti questi dati non vengono accumulati in un momento ma catalogati e raccolti in modo che l'apparecchio possa operare velocemente con un minimo di impegno individuale, praticamente universale. Quindi molte persone possono utilizzarlo al primo livello standard, e con l'accesso universale, esso può essere usato da tutti. Per più di un anno è stato testato e non è stato riscontrato alcun caso negativo. Perciò, i dati sull'applicabilità nel campo dei sistemi di controllo: per la chiaroveggenza controllata, per le previsioni controllate, per il ringiovanimento, si sono espanse. Abbiamo avuto ottimi risultati sul controllo di qualsiasi evento. E a questo riguardo possiamo aggiungere, che avendo postato sul sito (come in ogni sistema scientifico dove sono esposti fondamenti logici, scientifici e tecnologici, dove esistono brevetti, dove risultati concreti sono forniti da centinai di persone) è possibile dichiarare ufficialmente che questo sistema è assolutamente sicuro, non emette campi nocivi, mette in grado qualsiasi persona di svilupparsi all'infinito, e in effetti, gli permette di apprendere velocemente in modo preciso tutto ciò che è necessario per una risoluzione qualitativa a qualsiasi problema di vita eterna, incluso i compiti riguardanti un salto quantico.

Domanda: Può mostrarci, tenendo in considerazione le sue particolari abilità, e anche spiegarci com'è programmato e configurato il PRK-1U e come funziona?

Grabovoi G.P. – Si, durante la messa a punto individuale per l'uso dell'apparecchio, io uso la mia abilità di chiaroveggenza controllata. E per questo caso in particolare posso configurare il congegno per il suo uso personale, formulando alcune domande e risposte che terrò in considerazione in futuro quando avverrà il montaggio individuale dell'apparecchio. Per esempio, osservo come il futuro interagirà con il congegno mentre faccio le domande. Ora la prima cosa che vorrei chiarire è………

Domanda: Traduttore – Riguarda il processo generale. Come configurare l'apparecchio, senza tener conto della personalità del presentatore.

© Грабовой Г.П., 2015-2017

Grabovoi G.P. – In primo luogo prendo in considerazione l'interazione di questo livello primario di vita eterna che esiste dalla nascita dell'uomo. Dopo di che osservo lo sviluppo che avviene nel futuro, mentre per un lasso di tempo agiamo in modo indipendente. E si scopre, che una certa sfera di vita eterna a questo livello, presente fin dalla nascita, a seconda dei suoi segmenti, si manifesta nel corpo in parti e modi differenti. Per esempio, c'è una sfera posizionata nella regione lombare della spina dorsale. Poi la luce di questa sfera attraversa tutto il corpo e io comincio a connettere geometricamente, la materia di vita eterna generata dal congegno, a ciò che deriva dal livello primario di nascita dell'uomo, in pratica ciò che proviene da Dio, come è stato creato da Dio.

Quando questi bagliori si uniscono si scopre l'esatto piano d'unione alla luce dell'eternità, quella derivante dall'uomo e dall'apparecchio, questo è un compito delicato, che richiede la chiaroveggenza controllata per unire il tutto velocemente e accuratamente.

Domanda: Che ruolo ha quest'apparecchio nel processo di salto quantico globale di cui abbiamo appena parlato e di che tipo è?

© Грабовой Г.П., 2015-2017

Grabovoi G.P. – Si, come ho già detto, se iniziamo dalla fisica ortodossa, dove il salto quantico è un altro nuovo livello energetico, allora di conseguenza, l'incremento di energia, l'aumento di livello energetico è realizzato dalla struttura del salto quantico, e precisamente dal punto di vista di assicurare la vita eterna. E cioè, in condizioni di diversi, complicati meccanismi di salto quantico questo apparecchio mostra un programma chiaro che velocizza l'uomo, e addirittura, in alcuni casi, con il suo aiuto, l'uomo può dominare le strutture di controllo base se si tratta di agire velocemente nel momento del salto quantico. Perciò adempie perfettamente al suo compito di agevolare ogni persona nel suo salto quantico verso lo sviluppo eterno e la vita eterna.

Domanda: Sempre parlando del salto quantico, cosa si può raccomandare alla gente in modo che possano superarlo e viverlo in modo armonioso?

Grabovoi G.P. – Penso che la gente debba sintonizzarsi sulla vita eterna come priorità, questo vale per tutti; in pratica assicurare la vita eterna, ad ogni persona, in questo corpo fisico. Questo compito rende possibile la soluzione di molti problemi, non solo quello del campo quantico, ma anche il raggiungimento di altri livelli di sviluppo. Per esempio:

© Грабовой Г.П., 2015-2017

quando l'umanità avrà ottenuto la vita eterna potrà ricevere altri compiti, che si stanno attualmente realizzando per molte persone, e svilupparsi ulteriormente.

A mio avviso, oltre questo, è molto importante poter contare su un meccanismo tecnologico corretto ed accurato che li possa aiutare in questo salto quantico, mentre avviene l'aumento di energia ed è necessario controllare il processo.

Beh, i miei Insegnamenti rendono possibile padroneggiare queste tecnologie, e l'apparecchio PRK-1U può assicurare un'accurata e precisa crescita di questo livello energetico, soprattutto, all'interno di quelle strutture e vibrazioni che salvaguardano la vita eterna.

Quindi, il mio consiglio è: prima di tutto, seguire l'idea della vita eterna dovunque e senza mettere in discussione alcunchè; secondariamente farsi aiutare dai miei Insegnamenti e tecnologie in modo da allenarsi in ogni momento.

Domanda: Per trasferire più gente possibile in questo probabile nuovo livello superiore di sviluppo nell'ambito del processo del salto quantico, cosa può essere fatto, che misure devono essere adottate?

Grabovoi G.P. - Come ho già detto, il compito qui concerne tutte le persone. E il compito principale di ogni persona dovrebbe essere di trasferire la conoscenza ad altre persone. A parte il suo personale successo, quando una persona riesce a padroneggiare personalmente le tecnologie per un numero di ragioni (egli ha tempo, è ideologicamente esperto, egli crede fermamente che questo sia l'unico, naturale percorso di sviluppo) egli è anche in grado di trasmettere a tutti il suo solido punto di vista sul mondo, che come ho spiegato, è quello giusto. Quindi è dovere di ogni persona passare ad altri, insegnare ad altri come trasferire la conoscenza della vita eterna, ed è indispensabile che tutti lo facciano.

Domanda: Ed ora l'ultimo argomento speciale in assoluto, l'argomento "hot". Lei parla di vita eterna in un corpo fisico: come si può immaginare una cosa del genere e come può essere ottenuto?

Grabovoi G.P. – La vita eterna nel corpo fisico, in effetti, non rappresenta alcun vero problema dal punto di vista del paradigma della conoscenza. E' chiaro che avendo imparato a rivitalizzare il tessuto tramite la consapevolezza, avendo imparato a controllare gli eventi in modo da evitare danni significativi, la persona, a questo punto, si è assicurata la vita eterna semplicemente esistendo all'interno di un Cosmo eterno, di una Terra eterna e così via. Quindi dal punto di vista della vita eterna nel corpo fisico, quando noi

© Грабовой Г.П., 2015-2017

consideriamo le azioni di Dio, il Creatore del Mondo intero, e quando noi agiamo in modo simile, allora noi controlliamo praticamente l'intero universo esterno, cioè il fisico spazio cosmico. E in questo senso si scopre che iniziando da specifiche sensazioni personali (come guarire se stessi, aiutare altre persone, costruire congegni come il PRK-1U e altri sistemi che forniscono la vita eterna) la combinazione di un'azione spiritualmente Divina con queste tecnologie garantisce la vera vita eterna indipendentemente dalle strutture di sviluppo dello spazio esterno e dal livello di contatto con il Divino; ecco la velocità con cui si sviluppa la sfera spirituale. E dobbiamo comprendere che la vita eterna deve avvenire ovunque come stabilito dalle basi della vita. E questo preciso modo di sviluppo innalza la qualità della vita perché coinvolge numerose persone in tutto il mondo, che vivendo ognuna la propria nel senso eterno di essa, espandono l'eternità per tutti. Quindi, a questo punto è necessario precisare che è il livello Divino che fornisce esattamente tutto il processo. E questo deve essere compreso e appreso allo stesso tempo. Nei mie Insegnamenti fornisco sia la scienza che la religione, ovvero, la conoscenza religiosa e la conoscenza scientifica che qui risultano essere sistemi equivalenti di conoscenza e di realizzazione di vita eterna.

© Грабовой Г.П., 2015-2017

Domanda: Esistono già informazioni che riguardino qualcuno che vive in eterno?

Grabovoi G.P. – Si, ci sono. Fra gli studenti che seguono le mie tecnologie, ho potuto constatare che sempre più persone vengono arricchite d' informazioni e apparati tecnologici riguardanti la consapevolezza della vita eterna. E per loro non esiste alcun problema nel vivere la loro vita in modo eterno. Ribadisco che quando si parla, non solo di singoli, ma di milioni, e in generale di tutti, è solo importante sviluppare la sfera della conoscenza, una conoscenza chiara e vivida di tale estensione da poter unire il livello Divino alla nostra pratica quotidiana; che abbinate alla tecnologia della vita eterna, trasferiranno il processo a ogni persona (ogni cosa fatta con il giusto approccio). Tutto questo non richiede poi così tanto tempo.

Domanda: Stiamo vivendo attualmente (ne abbiamo già parlato) in tempi di cambiamento, ansia, incertezza, e lei sta parlando di un salto quantico globale: esistono raccomandazioni che lei vorrebbe inviare alla gente nel mondo?

01:06:58 Grabovoi G.P. - Beh, auguro a tutte le persone di vivere in eterno. Per quanto riguarda le raccomandazioni: vi

© Грабовой Г.П., 2015-2017

raccomando di fare ciò che ho suggerito, allo stesso modo e con la stessa attenzione con cui un bimbo comincia a studiare dalle elementari alle superiori, ovvero, riservando a questa conoscenza speciale il tempo e la diligenza dovuti. E sarebbe meglio che l'impegno fosse giornaliero come stabilisce ogni sistema di conoscenza di vitale importanza.

Desidero assicurare le persone sul fatto che possiedono tutte le abilità necessarie per svilupparsi in questo processo, e poi naturalmente, ci sono i miei Insegnamenti; essi agevolano tutti, in generale. Possono essere letti anche ad alta voce per altri (gli insegnamenti sono presentati in forma di testi in cui mi rivolgo al lettore oralmente, come un discorso. Questo perché quando io parlo, cerco l'informazione nel futuro e la trasporto nelle parole e nelle frasi in modo da assicurare la vita eterna per tutti), quindi chiunque ascolti, può trovare lo strumento personale per strutturare modi e metodi che rendano possibile padroneggiare le tecnologie per la vita eterna.

E sebbene, si, esistano parecchi problemi, attuali e futuri nel mondo, io insisto nel raccomandare lo studio dei miei Insegnamenti, in modo da sviluppare le abilità innate di chiaroveggenza e previsioni controllate, che rendano possibile a tutti, insieme alla conoscenza del controllo degli eventi, risolverli . E attraverso la macro-regolazione delle strutture della propria consapevolezza nel processo

© Грабовой Г.П., 2015-2017

complessivo mondiale e grazie ad alcune azioni fisiche sarà possibile aggiustare alcuni future situazioni che si presenteranno. In pratica, gli Insegnamenti usati come strumenti offrono una visione completa di come ottenere tutto questo. L'auto-sufficienza degli Insegnamenti e ciò che in essi è inserito, possono essere usati per approfondire la conoscenza, non solo della struttura preliminare ma anche di quella superiore, e vice versa. Io reputo, che per risolvere ogni questione e assicurare la vita eterna, tutto ciò sia indispensabile. Quindi raccomando il sistema educativo, l'uso dell'apparato dei miei Insegnamenti, i programmi di addestramento, qualsiasi tecnologia che possa contribuire a ciò, come il PRK-1U e naturalmente la propria abilità e impegno indirizzati verso uno sviluppo personale -

Michael - Ringraziamenti di cuore – mille grazie per questa intervista! Auguri di successo a lei nell'esecuzione di un compito così faticoso, un enorme compito, e soprattutto tutti noi le auguriamo le necessarie energie per realizzare la sua chiamata. Grazie ancora per tutto ciò che fa per la gente! -

Grabovoi G.P. - Io le sono profondamente grato per questa intervista, questa nostra conversazione, così professionalmente strutturata dal punto di vista della vita eterna. E desidero ringraziare anche tutti coloro che hanno

© Грабовой Г.П., 2015-2017

organizzato e collaborato ad essa. E vorrei precisare che cerco di fare tutto nel miglior modo possibile, e credo fermamente che riusciremo, attraverso un sforzo congiunto, ad assicurare la vita eterna per tutti. Ed è importante che tutti partecipino, ognuno nel proprio luogo d'origine. Di conseguenza noi, riusciremo a risolvere il problema di assicurare la vita eterna per tutti relativamente, ma abbastanza in fretta. In certe condizioni, quando questo processo inizierà, in un prossimo futuro (ovviamente è basato sulla velocità di oggettivazione scientifica e criterio pratico) è chiaro che in questo processo la partecipazione di tutti è praticamente unica e indispensabile. Ritengo che le persone debbano sintonizzarsi in una generale partecipazione, indipendentemente, dai loro affari attuali. In questo senso, anche se io sono impegnato da sempre in questo percorso, ciò nondimeno tutti coloro che iniziano ora possano aggiungere il loro inestimabile contributo, visto che la vita eterna riguarda tutti -

Michael - Mille grazie -

Grabovoi G.P. – Mille grazie -

Michael - Cari spettatori, avete udito, che abbiamo parlato del salto quantico globale, del processo in cui ognuno di noi, autonomamente, ha l'opportunità di partecipare se desidera o no, e questa in ultima analisi deve essere una decisione da prendere in modo del tutto indipendente. Avete la possibilità di ricevere questa eccezionale conoscenza e di padroneggiare tecnologie appropriate nell'ambito del Progetto Thailand (evidenziamo l'indirizzo Internet del Thailand Project) con le informazioni per partecipare a seminare ed eventi. Allora tutti potranno decidere se entrare o meno in questo processo globale. In questo senso, come sempre, sinceri ringraziamenti per l'interesse e l'attenzione. Arrivederci per ora e ci vediamo al prossimo incontro -

© Грабовой Г.П., 2015-2017

NOTIZIE INFORMAZIONI E CONTRATTO PER L'ACQUISTO DEL DISPOSITIVO - PRK-1U

I. L'unicità della novità e i modi per creare il PRK-1U

E' il metodo per trasferire il bio-segnale dall'operatore, come descritto nel brevetto "generando il bio-segnale".

L'apparecchio per lo sviluppo della concentrazione della vita eterna PRK-1U, basato sul sistema portante d' informazione che tiene in considerazione l'intensità del "pensiero radiante", è stato registrato da Grabovoi Grigori Petrovich in due brevetti destinati alle seguenti invenzioni:

"Metodo di prevenzione catastrofi e congegno per la sua realizzazione" N° 2148845 del 10 Maggio 2000 e "Sistema Portante Informazione" N° 2163419 del 20 Febbraio 2001.

I brevetti sono validi, informazioni a riguardo si possono trovare su Internet nel sito ufficiale del Servizio Federale Russo per Proprietà Intellettuali, Brevetti e Marchi di Fabbrica www1.fips.ru. Indirizzo: Berezhkovskaya nab., 30, Building 1, Mosca, Russia, G-59, GSP-5, 123995.

Informazioni sui brevetti sono disponibili sul sito: https://licenzija8.wordpress.com/patents/.

L'informazione che il congegno è stato creato secondo questi brevetti è descritta nella relazione tecnica del PRK-1U.

Grigori Grabovoi ha dichiarato di aver creato le sue invenzioni e PRK-1U usando le sue capacità di chiaroveggenza controllata e previsioni senza ricevere informazioni sul soggetto da persone o testi esistenti. Nel contempo ha applicato metodi ortodossi già conosciuti in matematica avanzata e fisica. Egli è infatti specializzato in matematica avanzata ortodossa e fisica dopo essersi laureato alla Facoltà di Matematica Applicata e Meccanica della Tashkent State University. Le equazioni fisiche e matematiche che sostengono i brevetti descritti sono state ripetutamente verificate e pubblicate in riviste scientifiche, e soluzioni quantitative sono state ottenute da esse. L'efficienza di queste invenzioni è stata anche confermata dai risultati degli esperimenti. La rivista "Ingegneria Elettronica" dell'Accademia di Scienze Russa ha pubblicato un articolo scientifico di Grigori Grabovoi contenente una giustificazione fisica e matematica che conferma i calcoli: https://licenzija8.wordpress.com/science/ La direzione editoriale di questa rivista formata da scienziati rinomati ha controllato la teoria matematica e fisica di Grigori Grabovoi, i suoi calcoli e il risultato dei suoi esperimenti confermano i calcoli, dopo di che è stato pubblicato il suo articolo scientifico. La direzione editoriale era composta da:
Editore capo, Accademico dell'Aviazione di Mosca, Dottore in Scienze Ingegneristiche, Prof. Yu.N. Dyakov.

© Грабовой Г.П., 2015-2017

Dottore in Scienze Ingegneristiche A.S. Bondarevsky, Dottore in Fisica e Matematica V.D. Verner, Dottore in Scienze Ingegneristiche S.A. Garyainov (vice Editore Capo), Ph.D. V.L. Dshhunyan, Ph.D. V.N. Diaghilev, Dottore in Scienze Ingegneristiche A.V. Yemelyanov, Dottore in Scienze Ingegneristiche L.A. Ivanyutin, Dottore in Scienze Ingegneristiche G.G. Kazennoye, Dottore in Scienze Ingegneristiche L.I. Kazurov, un membro corrispondente della RAS G.Ya. Krasnikov, Dottore in Scienze Ingegneristiche V.E. Minaichev, Ph.D. A.A. Popov, Ph.D. A.A.Rudenko, Dottore in Fisica e Matematica T.D. Shermergor, Ph.D. A.T. Yakovlev.

La legittimità e la pionieristica novità dei descritti brevetti "Metodo di prevenzione catastrofi e congegno per la sua realizzazione" N° 2148845 e "Sistema Portante Informazioni" N° 2163419 sono stabiliti dalla corte; quindi possiedono significato pre-giudiziario.

L'esperto brevetti Elena Dagunts, nella sessione di corte del 30 Maggio 2008 tenuta nella Tagansky Corte distrettuale di Mosca, ha concluso, ed è registrato nei registri della corte, che questi brevetti N° 2148845 e N° 2163419 sono pionieristici, senza altri analoghi prototipi nell'intera storia delle invenzioni, e inoltre le formule delle invenzioni di questi brevetti sono multilivello e una assoluta novità.

© Грабовой Г.П., 2015-2017

L'avvocato addetto ai brevetti Kopaev A. ha confermato la suddetta dichiarazione della Dagunts E. certificando la purezza dei brevetti a seguito dei risultati dei test. Ha dichiarato che ne i brevetti, ne i principi e gli approcci, metodi e sistemi, usati nei brevetti da Grigori Grabovoi nelle invenzioni, e cioè, la generazione di un bio-segnale segnale nel sistema ottico, il cambio d'intensità del pensiero radiato per normalizzare gli eventi, sono mai stati registrati in alcuna nazione nella storia delle invenzioni prima delle invenzioni di Graboboi. Inoltre, tali informazioni non esistevano nemmeno prima delle invenzioni di Grigori Grabovoi in alcuna pubblicazione scientifica in alcuna nazione del mondo.

L'evidenza dunque delle abilità di controllo chiaroveggenza e previsione di Grigori Grabovoi sono state stabilite dalla TAgansky Corte Distrettuale di Mosca dalla seguente testimonianza:

1.Il lavoro "Pratica di Controllo. La via della Salvezza", incluso protocolli e testimonianze sui risultati del lavoro di Grigori Grabovoi, confermano pienamente le abilità extrasensoriali di Grigori Grabovoi per il controllo chiaroveggente e previsione.

2. La testimonianza di Balakirev V.F. annessa, in udienza, ad altro materiale del caso, ai protocolli dei risultati delle

© Грабовой Г.П., 2015-2017

applicazione di Grabovoi, sui suoi poteri psichici di controllo chiaroveggenza e previsione con validità del 100% segnalati nel libro "Pratica di Controllo. La via della Salvezza".

La dichiarazione del testimone Balakirev V.F. e di tutti gli altri testimoni sono state registrate nei protocolli della corte. L'annessione del libro al materiale della corte è stata registrata il 14 Maggio 2008. Quindi il fatto che Grigori Grabovoi possieda l'abilità di controllare chiaroveggenza e previsioni è stato accertato in sessione di corte e stabilisce un concetto pre-giudiziario che non può essere confutato.

3. Le confermate previsioni per Balakovo NPP sono state trasferite da Grabovoi durante l'investigazione giudiziaria e debitamente registrate nella corte.

4.Evidenze delle abilità di Grigori Grabovoi a dare soluzioni esatte a problemi ancora prima di essere esposti sono state presentate da Rumyantsev K. che si è laureato e ha studiato nello stesso gruppo di Grigori Grabovoi. Esse sono disponibili sul sito:

https://certificates2.wordpress.com/2017/06/16/certificate-of-konstantin-alexandrovich-rumyantsev/

https://certificates2.wordpress.com/%d0%b1%d0%bb%d0%be%d0%b3/

© Грабовой Г.П., 2015-2017

5.Ph.D.Kornilov V.I. ha anche provato che Grigori Grabovoi fornisce informazioni precise prima della fine dell'esperimento. Quindi Grabovoi non solo conosce le risposte prima della soluzione ma è in grado di trovare immediatamente la corretta equazione connessa alla giusta risposta predicendo immediatamente i risultati dell'esperimento e determinando tutti gli elementi del congegno che conducono ai risultati desiderati. Le testimonianze di Kornikov V.I. sono disponibili sul sito:

https://certificates2.wordpress.com/2017/06/16/certificate-of-candidate-of-chemistry-kornikov-valery-ivanovich

Con questo approccio, usando nell'attività scientifica, le sue abilità di chiaroveggenza controllata e previsioni, Grigori Grabovoi ha accumulato, in poco tempo, parecchi titoli accademici e lauree. La legittimità di ognuna di loro è stabilita dalla corte. Qui di seguito la lista:

Dottore in Scienze Fisiche e Matematiche.

Dottore in Scienze Ingegnieristiche,

Dottore in Scienze Naturali dell'Accademia Russa,

Membro corrispondente nella sezione "Conoscenza e Tecnica Noosferica",

Membro a pieno titolo e Accademico dell'Accademia Russa Cosmonautica intitolata a Tsiolkovsky,

Membro a pieno titolo e Accademico dell'Accademia Di Scienze Mediche e Tecniche,

© Грабовой Г.П., 2015-2017

Accademico dell'Accademia di Sicurezza, Difesa e Rinforzo
Legislativo,

Membro a pieno titolo e Accademico dell'Accademia
Internazionale d'Informatizzazione,

Dottore in Informatica e Direttivo dell'Accademia
Internazionale d'Informatizzazione e Commercio,

Professore nella specialità "Sicurezza di oggetti
particolarmente complessi",

Professore nella specialità "Sistemi Analitici e Strumenti
Analitici Strutturali",

Grigori Grabovoi è stato in grado di ottenere risultati
scientifici e accertamenti veloci con l'uso delle sue abilità di
chiaroveggenza controllata e previsioni in casi in cui, nel
mondo scientifico, senza l'uso di queste abilità, le cose si
presentavano difficoltose e spesso con diverse opzioni a
lungo termine. La legittimità di tutto ciò è stato stabilito
dalla corte.

II. Testimonianza delle facoltà funzionali del PRK-1U

Per quanto riguarda l'efficienza del congegno per lo sviluppo
della concentrazione PRK-1U, è stato dichiarato che le sue
facoltà funzionali nello sviluppo della concentrazione della
vita eterna sono oggettivamente stabilite dalle seguenti:

© Грабовой Г.П., 2015-2017

1.Teorie fisico-matematiche, calcoli matematici, i risultati degli esperimenti, sono stati confermati da un vasto numero di dottori laureati in scienze fisiche, matematiche e ingegneristiche, membri della commissione editoriale della rivista "Electronic Engineering" e pubblicati sul sito: https://licenzija8.wordpress.com/science/

2.Brevetti sono stati assegnati per le invenzioni di Grigori Grabovoi sulle basi di tali congegni creati:
https://licenzija8.wordpress.com/patents/

3.Protocolli video dei test sul congegno con buoni risultati sistematici sono stati condotti sui 128 partecipanti senza alcuna eccezione:
https://pr.grigori-grabovoi.world/index.php/technical-devices/video-testimonials

4.Protocolli debitamente firmati sul successo dei test dell'apparecchio:
https://pr.grigori-grabovoi.world/index.php/technical-devices/written-testimonials

5. Più di anno con centinaia di test e lavoro con l'apparecchio senza alcun risultato negativo ma con numerosi risultati positivi.

III. Uso del Programma Educativo con PRK-1U.

© Грабовой Г.П., 2015-2017

Il PRK-1U non è in vendita, ma viene messo a disposizione per l'uso in accordo con l'autorizzazione legale sotto contratto di sub-licenza per l'uso del Programma Educativo degli insegnamenti di Grigori Grabovoi con il PRK-1U.

Questo contratto di sub-licenza è firmato in accordo con le condizioni del paragrafo 5.3 del contratto solo dietro garanzia che prima di firmare il contratto di sub licenza, egli abbia testato l'apparecchio di Grigori Grabovoi PRK-1U e abbia concluso che esso funzioni normalmente per lo sviluppo della concentrazione di vita eterna.

Questo paragrafo 5.3 assicura, secondo le norme internazionali della legge sulle licenze, la garanzia di assenza di reclami.

Estratti della parte centrale del contratto di sub-licenza:

1.1.Il Licensee trasferisce al sub-Licensee un diritto non-esclusivo per l'uso del seguente "oggetto di proprietà intellettuale";

Tutti i testi, materiale audio e video del Programma Educativo sugli Insegnamenti di Grigori Grabovoi disponibili in tutte le lingue su materiale magnetico e nella Libreria Internet del Centro Educativo.

Informazioni sul Programma Educativo è disponibile sui siti:

© Грабовой Г.П., 2015-2017

www.grigori-grabovoi.world and
www.licenzija8.wordpress.com

1.1.1.Basato sul contratto di sub-licenza , e prendendo in considerazione i dati individuali, nella sub-licenza viene assegnato un accesso remoto a Internet all'apparecchio di Grigori Grabovoi per lo sviluppo della concentrazione PRK-1U, sviluppato sulle basi valide dei brevetti di Grabovoi "Sistema Portante d'Informazioni" e "Il Metodo di Prevenzione Catastrofi e l'Apparecchio per la sua Realizzazione." L'accesso remoto è assegnato attraverso video monitoraggio del congegno in tempo reale attraverso Internet.

La video-visione rende possibile lo sviluppo della concentrazione attraverso l'uso dell'apparecchio che resta in funzione ventiquattro ore su ventiquattro e questo può essere fatto da qualsiasi parte nel mondo, dove esiste Internet e da qualsiasi equipaggiamento che può essere: PC, laptop, IAD. Facendo uso di questo apparecchio è possibile sviluppare la concentrazione avviando i materiali del Programma Educativo sugli Insegnamenti di G.G. e su queste basi, di sviluppare altre concentrazioni per scopi creativi.

Le caratteristiche principali dell'apparecchio campione sono disponibili sul sito: www.licenzija8.wordpress.com e

© Грабовой Г.П., 2015-2017

https://pr.grigori-grabovoi.world/index.php/technical-devices/prk-1u...

2.2.Entro sei (6) mesi dalla data di firma del contratto, il Licensee trasferirà al Sublicensee tutto il materiale del Programma Educativo sugli Insegnamenti di G.G. su materiale magnetico, fornendo l'accesso remoto a Internet per il PRK-1U, sviluppato sulle basi valide dei brevetti di Grabovoi "Sistema Portante d'Informazioni" e "Il Metodo di Prevenzione Catastrofi e l'Apparecchio per la sua Realizzazione." L'accesso alla Libreria Internet del Centro Educativo viene fornito immediatamente.

2.3.Secondo l'Accordo, il Licensee, basandosi sui suoi brevetti, sviluppa e completa l'apparecchio PRK-1U prendendo in considerazione i dati individuali del Sublicensee e testa l'apparecchio in conformità con le regolazioni richieste.

2.4.In caso di necessità, il Licensee fornirà al Sublicensee video lezioni d' assistenza sull'uso dell'apparecchio.

2.5. Durante il periodo del Contratto il Licensee garantirà al Sublicensee accesso al materiale esistente e nuovo della Libreria del Centro Educativo per il programma Educativo sugli Insegnamenti di G.G., che saranno pagati in accordo con questo Contratto. Informazioni sul Centro Educativo sono disponibili sul sito: http://educenter.grigori-grabovoi,world. L'accesso al materiale della libreria del

Centro Educativo è disponibile alla firma di questo Contratto mandando un e-mail a grigorii.grabovoi.pr@gmail.com

2.6.Il Sublicensee è obbligato ad allegare a questo Contratto un protocollo, firmato prima di concludere questo Contratto, riguardanti i test del campione dell'apparecchio per lo sviluppo della concentrazione PRK-1U fatti dal Sublicensee con buoni risultati.

3.1.Questo Contratto è valido per il termine di quattro (4) anni e parte dal momento della firma.

3.2.Firmando un contratto supplementare a questo è possibile estendere la validità del contratto di sub licenza per un ulteriore periodo concordato. La richiesta d'estensione deve essere spedita entro e non oltre 20 giorni dalla scadenza di questo accordo.

5.3.Il Sublicensee garantisce che, prima di firmare questo accordo, egli ha fatto il test con questi apparecchio campione PRK-1U di Grigori Grabovoi, è ha concluso che il congegno per lo sviluppo della concentrazione di vita eterna funziona normalmente.

Questo accordo si riferisce al tipo di sub-licenza per il Programma Educativo con il PRK-1U con la fornitura, secondo la clausola 1.1.1 del suddetto, dell'accesso a Internet 24 ore su 24. Secondo un altro formulario di accordo sub

 © Грабовой Г.П., 2015-2017

licenza, è possibile usare l'apparecchio fisicamente anziché usufruire delle condizioni del paragrafo 1.1.1, mantenendo ugualmente tutte le altre condizioni incluse negli altri paragrafi del suddetto estratto. In questo caso la manutenzione dell'apparecchio e le aggiunte modifiche saranno applicate secondo le indicazioni del Licensee o del Sub-licensee.

IV. Costo di valutazione basato sull'accordo di sub-licenza.

Secondo l'accordo di sub-licenza per l'oggetto di proprietà intellettuale, questo viene fornito al prezzo di 9.700 euro per 8 persone e cioè, 1212 euro per una persona, incluso tutto il materiale, esistente e nuovo, per il Programma Educativo in varie lingue sulla flash card (USB), questo secondo i dati individuali e la produzione dell'apparecchio PRK-1U, quindi garantendone l'uso per 4 anni e oltre; 4 anni di accesso alla Libreria del Centro Educativo, che contiene tutto il materiale del Programma Formativo e dove vengono scaricati tutti i recenti lavori di Grigori Grabovoi. L'USB con il Programma Educativo contiene un nuovo guscio speciale di servizio software per l'accesso al materiale.

© Грабовой Г.П., 2015-2017

Questo guscio-programma attraverso il nuovo intermedio ambiente software è connesso con il programma di protezione contro qualsiasi copiatura. Questi lavori mentre scaricano i databases alle flash cards sono molto costosi, perché il blocco diagrammi per l'ambiente del software intermedio richiede un lungo sviluppo e un alto livello qualitativo di programmi. In aggiunta, il costo del materiale scaricato sulle flash cards, al prezzo in cui sono stati venduti con successo negli ultimi anni da Amazon, nei negozi online di ggrig.com www.grigori-grabovoi.center, e cioè il vero valore di mercato del materiale del Programma Educativo, si aggira sui 10.280 euro.

L'accesso alla Libreria del Centro Educativo per i 4 anni è stimato ad un prezzo paragonabile. Secondo le vendite fatte sul sito www.grigori-grabovoi.world che indica il costo dell'iscrizione annuale alla Libreria del Centro Educativo di 2500 euro, la cifra per 4 anni si aggirerebbe sui 10.000 euro. Lo sviluppo secondo i dati individuali e costruzione del PRK-1U contiene il costo del lavoro in termini di calcoli fisici e matematici, programmazione, costo dei componenti, spedizione, assemblaggio e altri lavori. In totale si raggiunge un prezzo paragonabile.

© Грабовой Г.П., 2015-2017

Quindi per un totale di 9.700 euro, viene fornito un pacchetto che risulta parecchio più caro, tenendo anche in considerazione l'aggiornamento costante della Libreria del Centro Educativo e della possibilità di aggiungere modifiche all'apparecchio.

Secondo il parere dell'esperto sulla stima della proprietà intellettuale, B.B. Leontiev, viene stabilito ciò che segue: Qualsiasi oggetto di proprietà intellettuale dovrebbe essere compreso e integrato nel sistema commerciale di conoscenza.

Ognuno di questi oggetti associa qualità che ne rendono possibile la distinzione non solo per tipo e categoria, per esempio, proprietà intellettuale, brevetti, knowhow, trasferimento di tecnologia, regolati da articoli del codice civile, ma anche identificabili da posizioni legali prendendo in considerazione la quantità di benefici derivanti da essi.

Qualsiasi risultato qualitativo di attività intellettuale nella sfera delle pubbliche relazioni diventa un oggetto di proprietà intellettuale, che possiede almeno tre gruppi di criteri: tecniche (o artistiche), legali ed economiche.

Inizialmente, l'oggetto di proprietà è caratterizzato da contenuti tecnici qualitativi che permettono di valorizzarlo in termini di uso funzionale. Queste sono le qualità tecniche: convenienza funzionale, usura, ingegnosità. La convenienza di tutti i lavori di Grigori Grabovoi è comprovata dai risultati

© Грабовой Г.П., 2015-2017

dei suoi lavori, debitamente documentati nei tre volumi della "Pratica di Controllo". La via della Salvezza". Non c'è usura nei lavori di Grabovoi dal punto di vista del loro essere letti continuamente, poiché esistono numerose testimonianze che documentano che più vengono letti e più le tecnologie spiegate vengono profondamente comprese, e comunque il materiale è presentato sempre in nuove forme. Questo accade in connessione con l'ideologia e pratica di assicurare la vita eterna a tutto ciò che è inserito nei testi dei lavori di Grigori Grabovoi senza restrizione di tempo. Questo prova ulteriormente che i suoi lavori presentano un'ingegnosità infinita.

La convenienza funzionale del PRK-1U è stabilita dalle seguenti:
1.Teoria fisica e matematica, calcoli matematici, risultati degli esperimenti confermati da un vasto numero di dottori in fisica, matematica ed ingegneria che facevano parte dei membri del collegio editoriale della rivista "Ingegneria Elettronica" e pubblicati nella stessa.

www.licenzija8.wordpress.com/science/
2.Brevetti per le invenzioni di Grigori Grabovoi sulle cui basi l'apparecchio è stato creato.
www.licenzija8.wordpress.com/patents/

 © Грабовой Г.П., 2015-2017

3.Protocolli video dei test sul congegno con buoni risultati sistematici sono stati condotti sui 128 partecipanti senza alcuna eccezione:

https://pr.grigori-grabovoi.world/index.php/technical-devices/video-testimonials

4.Protocolli debitamente firmati sul successo dei test dell'apparecchio:

https://pr.grigori-grabovoi.world/index.php/technical-devices/written-testimonials

5. Più di anno con centinaia di test e lavoro con l'apparecchio senza alcun risultato negativo ma con numerosi risultati positivi.

L'usura del PRK-1U, in connessione con gli altri materiali usati, è insignificante.

Le risorse del PRK-1U, sono illimitate nel tempo, poiché l'apparecchio sviluppa la concentrazione a seconda del livello corrente di sviluppo concentrazione che avviene durante l'applicazione dell'apparecchio.

Inoltre, l'oggetto di proprietà è caratterizzato da criteri spazio-temporali inseriti all'interno di sfere legislative ed economiche. Queste relazioni economiche e legali sono interdipendenti e non è appropriato considerarle separatamente.

© Грабовой Г.П., 2015-2017

Nella sfera del diritto, lo spazio caratterizzato è il territorio d'azione, quello temporaneo è il termine di validità, che determina i parametri del turnover civile di questo oggetto di diritto. La principale caratteristica legale dell'oggetto di proprietà è la qualità della protezione legale, il potenziale da cui segue la protezione qualitativa. Migliore è la protezione legale fornita più efficiente sarà la protezione di questo oggetto di proprietà da utenti disonesti. Protezione che è posta al primo livello creativo dell'oggetto ed è rinforzata mentre viene usato.

Risulta comunque necessario proteggerlo da invasori sia durante la creazione che durante l'uso. Più alta la qualità del contenuto dell'oggetto di proprietà maggiore dovrà essere la modalità sicurezza e protezione spazio-temporale, cioè, ciò che è primario è salvaguardare il contenuto tecnico. Quindi, ingegneri e scienziati altamente qualificati dovrebbero lavorare con esperti di brevetti, avvocati addetti ai brevetti, altamente qualificati, per assicurare maggior qualità alla protezione legale assegnata all'oggetto. L'involucro legale dell'oggetto di proprietà espresso nella modalità di sicurezza e protezione dello stesso incarna l'idea stessa di giustizia.

A conti fatti, Grigori Grabovoi, ha preso in considerazione i dati sopracitati in difesa della sua proprietà intellettuale.

© Грабовой Г.П., 2015-2017

I lavori di Grigori Grabovoi sono protetti da registrazioni in varie strutture di registrazione copyright incluso La Copyright Registration Office della Library of Congresso of USA: TX 7-324-403 datata 6 Febbraio 2008, TXu 1-607-600 del 08 Febbraio 2008, TX 7-049-203 del 12 Febbraio 2008, TX 6-975-628 del 13 Febbraio 2008 (vedere dati sul sito ufficiale nel network Internet: TX0006975628/2008-02-13), TXu 1-789-751 del 25 Luglio 2011. Indirizzo del sito ufficiale, Ufficio Copyright della Library of Congress contenenti i dati di registrazione www.cocotalog.log.gov Indirizzo del ufficio Copyright della Library of Congress of the United States of America: Library of Congress United States, the Copyright Office, 101 Independence Avenue SE Washington, DC 20559-6000.

I lavori, gli apparecchi e le attività condotte da Grigori Grabovoi sono protette dai seguenti marchi di fabbrica:

Dell'Unione Unione Europea "GRABOVOI" con il numero di registrazione 009414673 del 18 Febbraio 2011 (data d'archivio 30 Settembre 2010) e dell'Unione Europea " GRIGORI GRABOVOI" con il numero di registrazione 009414632 del 18 Febbraio 2011 (data d'archivio 30 Settembre 2010). I Dati circa questi marchi sono reperibili sul sito ufficiale per l'armonizzazione all'interno del

© Грабовой Г.П., 2015-2017

mercato dell'Unione Europea registrazioni marchi dei fabbrica http://oami.europa.eu/ows/rw/pages/index.en.do. Indirizzo: Avenida de Europa, 4-03008 Alicante SPAIN, Telephone+3496 5139100; Email: information@oami.europa.eu

Per l'Australia "GRABOVOI" con numero di registrazione 1477713 del 02 Luglio 2012 (Data d'archiviazione 1 Marzo 2012) e "GRIGORI GRABOVOI" con numero di registrazione 1477714 del 2 Luglio 2012 (data d'archiviazione 1 Marzo 2012). I dati circa questi marchi sono reperibili sul sito ufficiale del Bureau of Intellectual property Australia (Intellectual Property Australia): http//www.ipaustralia.gov.au   Address: The Canberra Central Office, Group Floor, Discovery House, 47 Bowes Street, Phillip ACT 2606; e-mail: assist@ipaustralia.gov.au.

Per il Giappone "GRABOVOI " con il numero di registrazione 1106610 del 14 Febbraio 2013 (data d'archivio dell'applicazione 01.03.2012) e GRIGORI GRABOVOI ha un numero di registrazione 1106611 del 14 Febbraio 2013 (la data d'archiviazione dell'applicazione 01.03.2012). I dati circa questi marchi di fabbrica sono reperibili sul sito ufficiale industrial property digital library (IPDL) dell'uffico patenti del Giappone http//www.ipdl.inpit.go.ip/homepg

© Грабовой Г.П., 2015-2017

e.ipdl Japan Patent Office Indirizzo:3-4-3 Kasumigaseki, Chiy-oda-ku, Tokyo 100-8915, Giappone e-mail: PA1B00@jpo.go.jp

Per la Cina (the People's Republic of China). "GRABOVOI" ha un numero di registrazione G1106610 del 1 Ottobre 2012 (data d'archiviazione 01.03.2012) e GRIGORI GRABOVOI ha un numero di registrazione G1106611 del 1 Ottobre 2012 (data d'archiviazione 01.03.2012). I dati di questi marchi di fabbrica sono reperibili sul sito ufficiale del State Bureau of Intellectual Property of the People's Republic of China (SIPO) http://sbcx.saic.gov.cn/traide/ Codice Postale: 10028 Postbox: No. 100088 mailbox, 104 branch, Beijing, China E-mail: chinatrademarkdatabase@gmail.com Indirizzo: Room 213, N 14 Shuguangxili, Chaoyang, Beijing China.

Per gli United States of America "GRABOVOI" ha un numero di registrazione 4329566 del 30 Aprile 2013 (data d'archiviazione 2 Marzo 2011) e "GRIGORI GRABOVOI" ha un numero di registrazione 85255853 del 10 Luglio 2013 (data d'archiviazione 2 Marzo 2011). I dati riguardanti questi marchi sono disponibili sul sito ufficiale del Patent and Trademark office of the United States/ United States Patent and Trademark Office che registrano i marchi http://www.uspto.gov Indirizzo: P.O.Box 1450, Alexandria,

VA 22313-1450, Telephone 1-800-786-9199; E-mail: TrademarkAssistanceCenter@uspto.gov

Tutte le invenzioni di Grigori Grabovoi sono protette da validi brevetti.

L'idea di un vero e proprio bene potenziale in qualsiasi oggetto di proprietà intellettuale è incarnato nel guscio economico, o sfera di relazioni economiche, in cui l'oggetto è collocato. Questo è il suo spazio economico. Il temporaneo regime di uso economico dell'oggetto di proprietà è realizzato attraverso un turnover commerciale di questo oggetto sul mercato.

Qui l'oggetto di proprietà si trasforma in un tecnico effettore (la fonte di un effetto tecnico). L'effetto economico è, prima di tutto, il profitto aggiunto che questo oggetto di proprietà genera in un background di altri beni in un commercio particolare. Naturalmente, l'ammontare del profitto è anch'esso determinato dalla qualità di sicurezza e protezione dell'oggetto da competitori nel mercato. In aggiunta, le più importanti caratteristiche economiche sono l'utilità dell'oggetto e il potenziale commerciale, che è al massimo nel momento della sua creazione. **Potenziale commerciale** è

© Грабовой Г.П., 2015-2017

il massimo profitto totale che può essere ottenuto dall'effettivo uso dell'oggetto di diritto.

L'utente più efficace dei diritti è l'inventore delle sue creazioni, in cerca di profitti, più velocemente possibile, di commercializzare l'innovazione che conduce ad un generale incremento di benessere dal momento che viene introdotto nel mercato libero.

Quindi la commercializzazione degli oggetti di proprietà intellettuale di Grigori Grabovoi assicurano la vita eterna nelle condizioni del mercato economico rendendo possibile il trasferimento delle tecnologie nella società, e i compensi per queste proprietà intellettuali generano un capitale in grado di creare, a loro volta, strumenti che assicurano la vita eterna. Pertanto tutti i sostenitori della vita dovrebbero promuovere la crescita di richiesta commerciale di prodotti e congegni di Grigori Grabovoi, facilitando la promozione di contratti di sub licenze per l'uso delle sue proprietà intellettuali.

© Грабовой Г.П., 2015-2017

www.ingramcontent.com/pod-product-compliance
Lightning Source LLC
Chambersburg PA
CBHW060546200326
41521CB00007B/502